外军两栖舰船

郭奎 赵厚宽 王琦 编著

国防工业出版社
·北京·

内 容 简 介

本书介绍了外军两栖舰船的发展历史、发展趋势及两栖舰船的分类等,并详细介绍了美、英、法、俄等主要国家两栖舰船的研制背景、结构特点和性能参数及各级两栖舰船的状况,配有大量的两栖舰船精美图片,图文并茂。

本书可供两栖舰船装备与技术研究人员、军事爱好者参考,通过阅读本书可了解世界各国和地区海军两栖舰船的发展思路及目前两栖舰船的实力,对借鉴并吸收先进技术具有重要参考价值。

图书在版编目(CIP)数据

外军两栖舰船/郭奎,赵厚宽,王琦编著.—北京:
国防工业出版社,2022.12
ISBN 978-7-118-12714-0

Ⅰ.①外⋯ Ⅱ.①郭⋯ ②赵⋯ ③王⋯ Ⅲ.①登陆舰艇—国外 Ⅳ.①E925.6

中国版本图书馆 CIP 数据核字(2022)第 230799 号

※

国防工业出版社出版发行
(北京市海淀区紫竹院南路23号 邮政编码100048)
北京龙世杰印刷有限公司印刷
新华书店经售

*

开本 787×1092 1/16 印张 16 字数 368 千字
2022 年 12 月第 1 版第 1 次印刷 印数 1—2000 册 定价 128.00 元

(本书如有印装错误,我社负责调换)

国防书店:(010)88540777 书店传真:(010)88540776
发行业务:(010)88540717 发行传真:(010)88540762

前言 Preface

从第二次世界大战时期盟国军队动用地方民船在无码头区域进行人员和装备的运输投送,到第一艘真正意义上的船坞登陆舰"阿斯兰"号服役,再到现在各式各样的两栖舰船,两栖舰船装备与技术得到了飞速发展。从各国两栖舰船的发展趋势可以看出,两栖舰船现已成为各国重要的海军力量。

本书介绍了外军两栖舰船的发展历史、发展趋势及两栖舰船的分类等,并详细介绍了外军和地区海军两栖舰船的研制背景、结构特点和性能参数及各级两栖舰船的状况,配有大量的两栖舰船图片。通过本书可了解世界各国和地区海军两栖舰船的发展思路及目前两栖舰船的实力,对借鉴并吸收先进技术具有重要参考价值。

本书在编写过程中得到了翟性泉研究员的大力支持,翟性泉研究员在百忙之中仔细审阅了本书,并提出了许多宝贵的修改意见,为保证本书的质量做出了努力。在本书的编写过程中,还得到了赵珍强高级工程师、张新福工程师、黄海波工程师、吴立洋工程师等的帮助和支持,在此一并表示感谢。

编写过程中,作者参阅了国内外出版的有关书籍、期刊和网络资料,在此对相关作者表示衷心感谢。

由于作者水平有限,书中难免有差错,敬请读者批评指正。

作 者
2022 年 1 月

目录 Contents

第一章　绪论	001
1.1　概述	001
1.2　发展史	001
1.3　两栖舰的分类	004

第二章　美国海军	006
2.1　"美国"级两栖攻击舰	006
2.2　"圣安东尼奥"级船坞运输舰	011
2.3　"黄蜂"级两栖攻击舰	017
2.4　"塔拉瓦"级通用两栖攻击舰	021
2.5　"特伦顿"级两栖运输舰	025
2.6　"哈珀斯·费里"级船坞登陆舰	029
2.7　"惠特贝岛"级船坞登陆舰	033
2.8　"蓝岭"级两栖指挥舰	038
2.9　"新港"级坦克登陆舰	042
2.10　"弗兰克·S. 贝森"级后勤支援舰	046
2.11　"蒙特福特角"级机动登陆平台	049

第三章　阿根廷海军	057
3.1　"科斯塔苏尔"级两栖运输舰	057

第四章　巴西海军	059
4.1　"托马斯顿"级船坞登陆舰	059
4.2　"圆桌骑士"级后勤登陆舰	061
4.3　"马索托马亚"号坦克登陆舰	064
4.4　"巴伊亚"号船坞登陆舰	065
4.5　"大西洋"号两栖攻击舰	067

第五章　智利海军	068
5.1　"萨亨托·阿尔德亚"号船坞登陆舰	068
5.2　"巴特拉尔"级运输登陆舰	070
5.3　"瓦尔迪维亚"号坦克登陆舰	071

第六章　墨西哥海军	073
6.1　"帕帕洛阿潘河"号坦克登陆舰	073

第七章　英国海军	076
7.1　"海神之子"级船坞登陆舰	076
7.2　"海洋"号两栖攻击舰	081
7.3　"湾"级船坞登陆舰	085
7.4　"无恐"级船坞登陆舰	088
7.5　"圆桌骑士"级后勤登陆舰	090

第八章　法国海军	094
8.1　"西北风"级两栖攻击舰	094
8.2　"闪电"级船坞登陆舰	099
8.3　"巴特拉尔"级坦克登陆舰	102

第九章　意大利海军	105
9.1　"圣·乔治奥"级两栖船坞运输舰	105

第十章　荷兰海军	109
10.1　"鹿特丹"级船坞式两栖登陆舰	109

第十一章　西班牙海军	113
11.1　"加利西亚"级船坞登陆舰	113
11.2　"胡安·卡洛斯一世"号两栖攻击舰	115

第十二章　希腊海军	119
12.1　"杰森"级坦克登陆舰	119

第十三章　俄罗斯海军	122
13.1　"伊万·格伦"级坦克登陆舰	122
13.2　"伊万·罗戈夫"级船坞登陆舰	124
13.3　"蟾蜍"级	127
13.4　"鳄鱼"级坦克登陆舰	131

第十四章　日本海上自卫队	134
14.1　"三浦"级坦克登陆舰	134
14.2　"大隅"级坦克登陆舰	136

14.3 "日向"级直升机驱逐舰　142
14.4 "出云"级直升机护卫舰　145

第十五章　韩国海军　148

15.1 "短吻鳄"级坦克登陆舰　148
15.2 "独岛"级两栖攻击舰　150
15.3 "天王峰"级坦克登陆舰　155

第十六章　印度海军　160

16.1 "加拉希瓦"号两栖船坞登陆舰　160
16.2 "沙杜尔"级坦克登陆舰　162
16.3 "玛加尔"级两栖登陆舰　164
16.4 "库姆布希尔"级坦克登陆舰　166
16.5 印度海军多用途支援舰项目　168

第十七章　澳大利亚海军　172

17.1 "乔勒斯"号两栖船坞登陆舰　172
17.2 "托布鲁克"号两栖登陆舰　174
17.3 "堪培拉"级直升机船坞登陆舰　177

第十八章　新加坡海军　182

18.1 "坚韧"级船坞登陆舰　182
18.2 "坚定"号后勤登陆舰　186

第十九章　马来西亚海军　188

19.1 "因德拉·萨克蒂"级两栖运输舰　188
19.2 "因德拉普拉"号坦克登陆舰　191

第二十章　印度尼西亚海军　193

20.1 "望加锡"级两栖船坞登陆舰　193
20.2 "苏哈托博士"号两栖船坞登陆舰　195
20.3 "塔科马"级坦克登陆舰　196

第二十一章　泰国海军　199

21.1 "西昌"级两栖登陆舰　199
21.2 "红统府"号两栖船坞登陆舰　200

第二十二章　土耳其海军　203

22.1 "奥斯曼·加齐"号登陆舰　203
22.2 "萨鲁查贝伊"级登陆舰　204
22.3 "拜拉克塔尔"级坦克登陆舰　205

第二十三章　菲律宾海军　207

23.1 "拉古纳"号和"本格特"号坦克登陆舰　207
23.2 "巴克洛德城"级登陆舰　210
23.3 "马德雷山"号坦克登陆舰　212
23.4 "望加锡"级两栖船坞登陆舰　214

第二十四章　越南海军　217

24.1 LST-1/542级坦克登陆舰　217
24.2 "北方"级中型登陆舰　220

第二十五章　摩洛哥海军　223

25.1 "西迪·穆罕默德·本·阿卜杜拉"号坦克登陆舰　223
25.2 "巴特拉尔"级坦克登陆舰　224

第二十六章　阿曼海军　227

26.1 "富尔克·萨拉马"号两栖运输舰　227
26.2 "奈斯尔·巴赫尔"号坦克登陆舰　228

第二十七章　阿尔及利亚海军　229

27.1 "卡拉特·贝尼·阿贝斯"号两栖船坞登陆舰　229
27.2 "卡拉特·贝尼·哈马德"级坦克登陆舰　231

第二十八章　其他国家　233

28.1 新西兰海军"坎特伯雷"号多功能舰　233
28.2 伊朗海军"亨加姆岛"级坦克登陆舰　236
28.3 埃及海军"西北风"级两栖攻击舰　237
28.4 秘鲁海军"望加锡"级两栖船坞运输舰　239

附录A　本书常用单位换算　240

附录B　在役两栖舰速查表　241

第一章 绪 论

两栖舰是指专门用于运送登陆部队、装备和物资,并将其送上无港口、码头等岸基设施的海岸,以及在登陆过程中进行指挥和火力支援的海军舰艇。

1.1 概 述

两栖舰出现于第二次世界大战中,是于20世纪50年代以后大力发展起来的新舰种。两栖舰系列种类繁多,从排水量方面区分,最小的有5吨左右的气垫登陆艇,最大的有四五万吨的两栖攻击舰;作战功能方面,涵盖了物资运输、人员输送、坦克登陆、船坞登陆、作战指挥、两栖攻击、两栖指挥乃至直升机平台(轻型航空母舰)等多种类型。随着两栖舰技术的发展,两栖舰的区别也不太明显,各型两栖舰的功能也或多或少地在一艘两栖舰上体现出来。

两栖攻击舰是两栖舰艇中最主要的登陆作战舰艇,它又分攻击型两栖直升机母舰和通用两栖攻击舰两大类。攻击型两栖直升机母舰又称为直升机登陆运输舰或直升机母舰,它的排水量都在万吨以上,设有高干舷和岛式上层建筑以及飞行甲板,可运载20余架直升机或垂直/短距离起降战斗机,它的最大优点是可以利用直升机输送登陆兵、车辆或物资进行快速垂直登陆,在敌纵深地带开辟登陆场。通用型两栖攻击舰是一种综合多用途大型两栖舰,排水量达数万吨,几乎与中型航空母舰差不多,它将各种两栖舰艇的优势集中于一身,是最具发展前景的两栖舰艇。

1.2 发展史

两栖舰的雏形是来源于第二次世界大战时期,盟国军队在抢滩登陆时为了出其

不意，动用地方民船诸如货船、运输船之类在无码头区域投送兵力和装备，但因动用民船船型的限制，投送过程费时费力，而且部队运载、登陆过程中会遭遇到敌方火力打击。于是，为了避免登陆人员伤亡、实施无码头抢滩登陆，人们设计了登陆舰，主要技术要求是在舰体内设有一个具备大型空间的舱室，并使其首尾贯通，可装载登陆坦克和装载物资的车辆等装备，舷侧可设容纳数百名登陆兵的兵舱。舰首开设能够打开的大门，实施抢滩登陆时使登陆舰冲抵岸滩后，打开舰首门，放下折叠式跳板，此时坦克、火炮、车辆等装备及兵员可快速登上敌岸滩头，这种类型的登陆舰称为坦克登陆舰（LST）。

坦克登陆舰的特点是为了使装备和人员实施抢滩登陆，要求其舰首涉水不能太深且能够打开至一定的宽度，有利于车辆、坦克及人员的登陆，因此设计时必然会不同于传统的军舰，当需要长距离的兵力投送时，对舰船的续航力和航速就有了较高的要求。

1942年7月1日英国设计出了第一艘真正意义上的船坞登陆舰（LSD）并命名为"阿斯兰"号（LSD-1），1943年6月5日全部建成。"阿斯兰"号实际上是一个具有远洋航行能力的浮船坞，坞舱占全舰长度的87%，"阿斯兰"号可替换登陆艇进行远洋快速航渡，可避免登陆舰登滩时遭遇敌方火力打击。LSD的出现，与LST时代相比登陆模式有了一个极大的飞跃，在己方作战舰艇火力保护范围之内发动登陆，可避免登陆舰艇处于敌方的火力打击之下，再通过两栖坦克、登陆艇等进行兵力投送。

船坞登陆舰的设计特点是采用宽大的方舰尾，不影响其快速性和适航性。LSD在舰体内设置坞舱，坞舱内根据长度和宽度不同，一般可装载数艘不同大小的各型登陆艇。打开舰尾门，坞舱灌水后，登陆艇可自行从舰尾门出入。航渡时，将坞舱内的水排干，登陆艇则存放于坞舱内。利用坞舱顶部设置的桥式行车可对登陆艇上的物资和装备进行运载。

在20世纪50年代，美军利用直升机将登陆兵、装备等由登陆舰装载投送至敌方阵地，降落后投入战斗，这样可避开敌反登陆作战的防御重点，并加快登陆速度，据此提出了登陆战的"垂直包围"理论。在这种作战思想指导下诞生了新舰种直升机两栖攻击舰（LPH），直升机由此进入两栖作战体系。由于实施了直升机空降登陆，使地质地形的影响因素降到了最低，可最大化地发挥作战力量，作战空间由二维平面拓展到了三维立体空间，对两栖战模式而言是一次革命性的飞跃。

根据"垂直包围"理论，美国开始付诸实施，将第二次世界大战中建造的"赛斯提湾"号护航航空母舰改造成了世界上第一艘直升机两栖攻击舰（LPH），可以搭载20架直升机和1000名士兵。经过使用后，发现"赛斯提湾"号的甲板强度不足，不能保障重型直升机的起降，于是又将两艘第二次世界大战中的重型航空母舰改造为LPH，可以搭载30架重型直升机。在美国改造LPH后不久，英国也将两艘轻型航空母舰改造为 LPH，并在实战中得到应用。1959 年 4 月，美国开始建造世界上第一艘两栖攻击舰"硫磺岛"号，1960 年 9 月下水，1961 年 8 月服役，满载排水量为 18000 吨，可运载一个加强陆战营（1746 人）及其装备，航速约 20 节，续航能力 10000 海里。"硫磺岛"号建有飞行甲板，甲板下有机库和飞机升降机，可搭载 12～24 架不同型号的直升机，必要时还可载 4 架 AV－8B "鹞"（Harrier）式垂直/短距离起降战斗轰炸机。在 20 世纪 70 年代初，美国建造了世界上第一艘通用两栖攻击舰，即"塔拉瓦"级通用两栖攻击舰，它是当时世界上最大的两栖战舰，拥有坞舱，可搭载 19 架 CH－53D "海上种马"或 26 架 CH－46D/E "海上骑士"直升机，也可装载 AV－8B "鹞"式垂直/短距起降战斗机，坞舱可以装载 4 艘通用登陆艇（LCU1610），或 2 艘通用登陆艇（LCU）和 2 艘机械化登陆艇（LCM8），或 17 艘机械化登陆艇（LCM6），或 45 辆两栖登陆车（LVT）；1200 吨航空燃油；1 艘气垫登陆艇（LCAC）；4 艘大型人员登陆艇。

20 世纪 80 年代中期，美国又开始建造更大的"黄蜂"级通用两栖攻击舰（LHD），是当时世界上最大的两栖攻击舰。"黄蜂"级可载运 AV－8B "鹞"式飞机、直升机和气垫登陆艇，用于装载、运输并支援登陆部队，根据作战需要，还可搭载至少 20 架 AV－8B "鹞"式飞机和 4～6 架反潜直升机。

随着技术和观念的进步，美军又提出"均衡装载"的概念，即要求一艘两栖舰上能载运一个独立的战斗单位（通常以营为单位）所包含的全部兵员、武备、车辆、军需物资及其相应的登陆工具。基于此概念，又开始设计制造两栖船坞运输舰（LPD）。LPD 设有直升机平台和机库，集成了船坞登陆舰、运兵船、两栖货船的功能，可以说是 LSD 的衍生物。冷战结束后，因为 LPD 性价比高，美军开始全面以 LPD 取代 LSD。为了更多地运输投送作战力量，LPD 在结构上缩小了坞舱的长度，增加了兵员住舱，拓展了车辆舱。LSD/LPD 基本都可搭载舰载直升机，但主要还是由其所携带的机械化登陆艇（LCM）或气垫登陆艇（LCAC）运输投送兵力。

在武器配置上，LSD/LPD 与 LHA/LHD 通常只是安装一些用于自身防御的对空、对潜武器及电子/水声对抗设备，而随着空中威胁的加剧，近期建造的两栖战舰都重点增强了对空，特别是对反舰导弹防御力量，如加装了防空导弹以及一定数量的中、小口径速射炮。

还有一种两栖舰是两栖指挥舰（LCC），主要是用于在两栖作战中负责陆、海、空各军种的指挥（Command）、通信（Communication）等使命。该型舰目前只有美国设计建造了 2 艘，舰上主要安装了大量的通信设备，上甲板几乎布满了各种雷达和通信天线，舰内设有设备舱和指挥室，指挥室包括两栖战特混编队指挥室、登陆部队指挥室、两栖战指挥中心、自舰战斗情报中心、水面水下协调中心、由舰到岸动态中心、报文中心等。世界上唯一的指挥舰是美国的"蓝岭"级两栖指挥舰。

1.3 两栖舰的分类

两栖舰家族种类繁多，从功能上可分为指挥功能型与作战功能型。

1.3.1 指挥功能型

目前世界上专职指挥的两栖舰只有美国的"蓝岭"级两栖指挥舰，该级舰服役2艘，分别是"蓝岭"号（LCC－19）与"惠特尼山"号（LCC－20），"蓝岭"号指挥舰配属美国海军第7舰队，驻泊在日本的横须贺港。"惠特尼山"号指挥舰配属美国海军第2舰队，驻泊在弗吉尼亚州的诺福克港。"蓝岭"级两栖指挥舰自身武器装备系统薄弱，但装备了先进、完善的数据搜集设备、战术情报显示设备以及指挥设备和大量的无线电台，能够同时协调指挥一个航母群以及一个两栖师团进行战斗。

1.3.2 作战功能型

作战功能型的两栖登陆舰按照吨位大小可分为：坦克登陆舰、船坞登陆舰和两栖攻击舰。坦克登陆舰的吨位一般为几千吨，船坞登陆舰的吨位一般为一两万吨，两栖攻击舰的吨位一般为三四万吨及以上。

从作战效能方面看，坦克登陆舰、船坞登陆舰、两栖攻击舰的作战效能越来越强。坦克登陆舰主要采用海岸登陆，登陆舰在无码头区域抢滩登陆，使所携带的坦克、车辆、人员等作战力量实施登陆，这种登陆方式的缺点是登陆过程中会遭到敌方岸防火力的打击，并且难以突破敌方在岸滩上设置的各类障碍物。船坞登陆舰主要采用海平面登陆，在距离敌方岸边的安全区域内，船坞内搭载人员和装备的各类登陆艇驶出坞舱，在海平面上进行登陆，其中的气垫登陆艇还可以越过对方设置的铁丝网、路障等障碍物。两栖攻击舰主要是采用垂直登陆，该型舰携带了直升机、旋翼机、两栖坦克、气垫登陆艇等装备，还可携带武装直升机、垂直起降战斗机等，可对敌方岸防力量进行火力打击，在一定程度上能够保证登陆部队的登陆安全，实现了立体登陆模式。

1.3.3 登陆舰细分种类

1. 坦克登陆舰

中型登陆舰（Landing Ship Medium，LSM）；

坦克登陆舰（Landing Ship Tank，LST）；

车辆登陆舰（Landing Ship Vehicle，LSV）；

布雷/坦克登陆舰（Minelaying/ Tank Landing Ship，MLS/TLS）；

登陆支援舰（Landing Support Ship，LSS）；

小型登陆支援舰（Landing Small Support Ship，LSSS）；

大型步兵登陆舰（曾称为LCIL）（Landing Large Infantry Ship，LLIS）；

后勤登陆舰（Landing Ship Logistic，LSL）；

中型火箭登陆舰（Landing Ship Medium（Rocket），LSM（R））。

2. 船坞登陆舰

船坞登陆舰（Landing Ship Dock，LSD）；

船坞式两栖运输舰（Landing Platform Dock，LPD），也称为两栖船坞运输舰（AmphibiousTransport Dock Ship，ATD）。

3. 两栖攻击舰

通用两栖攻击舰（Landing Helicopter Assault，LHA）；

两栖攻击舰（Landing Helicopter Dock，LHD）；

直升机登陆平台舰（Landing Platform Helicopter，LPH），即直升机航母。

4. 各种两栖舰在执行任务时会经常携带的登陆艇

通用登陆艇（Landing Craft Utility，LCU）；

机械登陆艇（Landing Craft Mechanized，LCM）；

车辆人员登陆艇（Landing Craft Vehicle Personnel，LCVP）；

气垫登陆艇（Landing Craft Air Cushion，LCAC）；

车辆登陆艇（Landing Craft Vehicle，LCV）；

人员登陆艇（Landing Craft Infantry，LCI）；

坦克登陆艇（Landing Craft Tank，LCT）；

支援登陆艇（Landing Craft Support，LCS）。

第二章 美国海军

2.1 "美国"级两栖攻击舰

2.1.1 简介

"美国"级的设计是基于"黄蜂"的最后一艘舰"马金岛"号（LHD-8）。但"美国"级"Flight 0"舰的设计是没有井型甲板，且为了给航空用途留出更多的空间而只配备了较少的医疗设施。"美国"级的第一次行动是2013年前往美国海军去替换"塔拉瓦"级两栖攻击舰的美国"贝里琉"号（LHA-5）。美国海军的"美国"（America）级两栖攻击舰可利用直升机和MV-22B"鱼鹰"垂直/短距离起落飞机，并在AV-8B"鹞"式或F-35"闪电"Ⅱ垂直/短距离起落飞机战斗机以及各种攻击直升机的保护下协助海军远征部队登陆（图2.1）。

虽然只能搭载直升机和垂直/短距离起落飞机，排水量达45693吨的"美国"级在尺寸上几乎与能搭载固定翼飞机的法国和印度航空母舰相当。

在配备了喷气机和多个多用途直升机（如SH-60"海鹰"（Seahawk））中队，"美国"级就可以作为一个小型航空母舰。它可装载20架AV-8B"鹞"式、F-35B或两者的组合。但从LHA-8开始，未来该级舰预留的飞机机库空间小于通用两栖作战平台。

诺斯罗普·格鲁曼公司造船厂获得了48.1亿美元用于"额外计划和高级技术维护，即支持2010年10月28日LHA替换（LHA（R））'Flight 0'两栖攻击舰（LHA-7）"，该计划会持续到2012年5月。2011年1月，装备发展问题导致F-35B项目暂停两年，且如果F-35B取消，则会影响LHA-7的计划。

2012年4月，美国海军与亨廷顿·英格尔斯公司签订了编号为N00024-10-C-2229的合同，用于LHA-7钢板采购计划，并公布了额外4艘舰船（到LHA-10）的要求。LHA-7于2013年4月开始建造，2020年7月交付服役。2014年6月20

日,"美国"级两栖攻击舰2号舰在英格尔斯造船厂举行了铺设龙骨仪式。2017年9月16日,美国海军在密西西比州的帕斯卡古拉举行了"美国"级两栖攻击舰2号舰的下水命名仪式,该舰正式命名为"的黎波里"号(LHA-7)。

2014年6月13日,美国国防部在其网站宣布,美国国防部拨付加利福尼亚圣迭戈通用动力公司的国家钢铁和造船有限公司2350万美元,用于LHA-8的设计研发工作。

图2.1 2013年"美国"号两栖攻击舰在进行海试

2.1.2 结构特点

"美国"号两栖攻击舰的设计是基于美国"马金岛"号(LHD-8)直升机船坞登陆舰。"马金岛"号是"黄蜂"级两栖攻击舰的改进版本,配备了燃气轮机动力设备。该级"Flight 0"设计舰的大约45%是基于"马金岛"号,但是为了留出更大装载飞机、备件、武器装备及燃料的空间,取消了井型甲板。应当注意的是"马金岛"号、"美国"号以及其潜在的后续舰都使用同一种燃料(JP-5)。该燃料正是其装载直升机的燃气涡轮发动机、AV-8B"鹞"式固定翼强击机的喷气发动机和MV-22"鱼鹰"飞机的发动机使用的燃料,也是该型舰甲板上装载的(未来舰船)气垫登陆艇的燃气轮机使用的燃料。所有这一切极大地简化了存储、分配和这些装备的燃料使用。

舰上飞机的组成将依据具体任务而定。最初两艘舰的飞机典型配备是12架MV-22B"鱼鹰"运输机、6架F-35B"闪电"Ⅱ垂直/短距离起落多用途喷气式飞机、4架CH-53K重型运输直升机、7架AH-1Z/UH-1Y攻击直升机和2架用于海上救援的海军MH-60S"海鹰"搜救直升机。作为小型航空母舰,它可以装载20

架 AV-8Bs 或 F-35B 和 2 架 MH-60S 等飞机，这个组合就运用在伊拉克的自由行动中。

该级所有后续舰都会有一个井型甲板，该甲板可在两栖作战时在其舰尾放置登陆艇（如气垫登陆艇），这些和"塔拉瓦"级两栖攻击舰以及"黄蜂"级两栖攻击舰相同。

井型甲板的增加将减少在船上的飞机装载空间，但 2005 年的"早期运营评估"则指出："Flight 0"设计过于着重航空设施的扩大而没有考虑井型甲板空间。同样，"美国"号也减小军用车辆的装载空间，且其船载医院的规模也缩减到"黄蜂"级的三分之二。

罗伯特·O.沃克在任美国海军副部长之前，也质疑没有井型甲板的两栖作战舰的实用性。在 20 世纪 70 年代末，当他们的直升机在黎巴嫩海岸遇见了防空系统时，直升机降落平台（LPH）的概念就已经失效了。在这种情况下，海军陆战队首先必须移到有井型甲板的战舰上。

美国海军陆战队现在更关注于来自导弹快艇的反舰导弹攻击，因此海军陆战队司令想让两栖战舰与陆地保持更远的距离。在这种情况下，海军陆战队员将利用远程 MV-22 垂直/短距离起落飞机上岸。而 MV-22 飞机体积明显大于海军陆战队和海军过去所使用的最大型直升机。因此，"美国"号的排水量是已经全部退役的"硫磺岛"级两栖攻击舰的 2 倍。

将"美国"号的舰宽设在 32.3 米是舰船通过巴拿马运河的一个必要条件。国会预算办公室发现，到 2040 年，假如石油价格达到并维持在每桶 140 美元以上的情况下，LH（X）类舰采用核动力建造才更具成本效益。

"美国"号的一个修改版本被命名为 MPF（F）、LHA（R）或 T-LHA（R），这是针对未来海上预置部队的两型舰船。MPF（F）是美国海军大约始于 2025 年支持岸上操作的"基地"概念。

这两型舰船由军事海运司令部的平民船员进行操控，也就是说不配备武器。MPF（F）和 LHA（R）的资金由参议院军事委员会在 2008 财政年度预算中提出。美国海军现在打算购买多艘"美国"级舰来组成两栖作战舰队。

"LHX"军舰于在 20 世纪 90 年代末提出，用来替换"塔拉瓦"级。实际上，它是一个用来放置气垫船的干船坞，而不是一个可浸没的井型甲板。在 2000 年后，提出将 LHX 取代所有的两栖攻击舰。

新型 LHX 可能是一个"美国"级的"Flight 2"设计，带有井型甲板和一个小型上层建筑，这个结构将使飞行甲板的装载能力增加 20%。这也将消除当前 MV-22 飞机只能在 5 和 6 降落点降落的限制，同时飞行甲板上也留出空间来装载 4 架 MV-22B、3 架 F-35B"闪电"Ⅱ或 3 架 CH-53K 等飞机。2008 年，采购"Flight 2"舰船的初步计划是在 2024 年，但到那时候这可能是不切实际或不能够负担得起。

"美国"级两栖攻击舰配置了一个混合电力推进系统。该系统也曾用于美国舰船"马金岛"号（LHD-8）。舰船在低速运转的情况下只需配置柴油电力推进系统，而高速运转则需要燃气涡轮。在接近海岸操作时对速度要求较低，因此两栖舰艇可以使用柴油发动机。

2.1.3 性能参数

满载排水量：约 45693 吨

舰长：257.3 米

舰宽：32.3 米

吃水：7.9 米

航速：20 节

编制员额：65 名军官，994 名船员

动力系统：2 台 LM-2500 燃气涡轮发动机，功率 51450 千瓦，另附两台 3675 千瓦的辅助推进发动机，双轴推进

投送能力：舰内货舱容积 3965 米^3，车辆甲板面积为 2362 米^2，能够容纳先进两栖突击车、M1A2 主战坦克等装甲车辆、1687 名海军陆战队员及其装备

射控装置：AN/SPQ-9B 火控雷达

侦搜系统：AN/SPS-48E 空中搜索雷达

武器装备：2 座"公羊"导弹发射器，2 座改进型"海麻雀"导弹（ESSM）发射装置，2 座密集阵近程武器系统，7 挺双联装 12.7 毫米口径重机枪

电子战系统：AN/SLQ-32B（V）2 电子作战系统，2 套"纳尔卡"（Nulka）电子诱饵发射系统

舰载机：6 架 F-35B"闪电"Ⅱ战斗机；12 架 MV-22B"鱼鹰"式倾旋翼机；4 架 MH-53E"超级种马"重型直升机；7 架 AH-1Y/Z"眼镜蛇"攻击直升机；2 架 MH-60S"海鹰"搜救直升机

飞行设施：机库和直升机甲板

2.1.4 同级舰

该级舰计划建造 11 艘，已经完工服役 2 艘（图 2.2 和图 2.3），LHA-8 已于 2018 年 10 月开始建造，见表 2.1。

表 2.1 "美国"级两栖攻击舰情况

序号	舰号	名称	下水	服役	备注
Flight 0					
1	LHA-6	美国（America）	2012.06.04	2014.10.11	在役
2	LHA-7	的黎波里（Tripoli）	2017.05.01	2020.07.15	在役

（续）

序号	舰号	名称	下水	服役	备注
Flight 2					
3	LHA-8	布干维尔（Bougainville）	预计2022	预计2024	2018.10.16 开始建造，2019.03.14 铺设龙骨

图2.2　2014年9月15日"美国"号两栖攻击舰来到圣迭戈港

图2.3　"的黎波里"号两栖攻击舰模型图

2.2 "圣安东尼奥"级船坞运输舰

2.2.1 简介

"圣安东尼奥"（San Antonio）级船坞运输舰是美国海军于21世纪初建造服役的新型多功能两栖船坞登陆/运输舰。

本级舰是21世纪上半叶美国海军新锐主力之一，整合了坦克登陆舰、货物运输舰（LKA）、船坞登陆舰和船坞运输舰（LPDS）的功能，预计建造12艘取代总数27艘的现役两栖舰只，包括"奥斯汀"（Austin）级两栖船坞登陆舰、"安克雷奇"（Anchorage）级船坞登陆舰、"新港"（Newport）级坦克登陆舰、"查尔斯顿"（Charleston）级两栖货物运输舰等，将可满足未来美国海军快速应付区域冲突、将两栖陆战队运送上岸的任务。

"圣安东尼奥"级原定建造12艘，但后来只有11艘有经费支撑，剩下的一艘由于预算削减和成本超支原计划被取消，之后又对建造计划做了调整。他们最初的目标价为8.9亿美元，建造完成后，其平均成本是16亿美元。截止到2017年底，11艘该级舰服役于美国海军，另有2艘已在建，1艘已签订合同。

"圣安东尼奥"级的研发由埃文代尔（Avondale）造船厂、通用动力的巴斯钢铁（Bath Iron）造船厂、雷声（Raytheon）公司等组成的集团于1996年取得合约，并进行细化设计。全部本级舰将由此集团承造，由于英格尔斯造船厂的抗议，导致工程的发包一度延期。首舰"圣安东尼奥"号原本预计于2002年7月交付，预算超支导致进度严重落后。为了解决问题，并控制整个计划的进度与质量，美国海军在2002年6月进行了一项合约交换：原先由巴斯钢铁造船厂承包的4艘"圣安东尼奥"级改由英格尔斯造船厂建造，而巴斯钢铁造船厂则获得原先颁给英格尔斯造船厂的4艘"伯克"级导弹驱逐舰的建造合约。首舰"圣安东尼奥"号直到2003年7月才下水，2006年1月14日正式服役（图2.4）。

相较于以往的两栖舰艇，"圣安东尼奥"级着重于减少对岸上设施的依赖、降低人力需求、减低作业成本、保留未来改良空间以及提高独立的作战能力，特别是自卫能力。"圣安东尼奥"级融合最新的建造科技，并拥有最先进的侦测、C^4I、武器等装备，舰上的各种侦测、武器系统、作战系统、动力轮机控制等都由雷声公司研发的舰船光纤广域网络（SWAN）系统连接，可由单一操控台监控全舰航行、轮机、装卸、战斗、损管维修等一切机能，大幅减轻舰上人员的工作负荷。且由于其优异的舰体设计可衍生出两栖作战版、联合指挥控制型、医院船以及弹道导弹防御型等，

称之为多功能舰艇平台（LPD Flight 2）。

图2.4　航行中的"圣安东尼奥"号船坞运输舰

2.2.2　结构特点

本级舰采用先进的封罩式桅杆/雷达系统（AEM/S），把包括 SPS-48E 对空搜索雷达在内的收发天线安装在由 FSS 特殊材料制作的 AEM/S 塔状外罩内，大幅增加隐身性，也可避免装备受海水盐雾损害或外物损伤。本级舰拥有高度的隐身造型，舰上各装备也尽量采取隐藏式设计，大幅降低了雷达截面积；此外，也致力于降低红外线等其他信号。"圣安东尼奥"级的上层构造分为前、后两部分（图2.5），前部舰楼包含舰桥、前部 AEM/S 桅杆以及一号烟囱等，后部舰楼包含机库、库房、后部烟囱以及后部 AEM/S 桅杆等，两舰楼之间的空隙也由两侧舷墙包围，中间形成的天井空间可用来停放小艇，而且侧面受到舷墙遮蔽，可降低雷达截面积。

图2.5　"圣安东尼奥"级船坞运输舰剖面图

相较于上一代的船坞运输舰,"圣安东尼奥"级的飞行甲板与机库设施进一步扩大,能起降和携带海军陆战队各型航空器,包括 CH-46 中型运输直升机、CH-53 重型运输直升机或 MV-22 倾转旋翼机。机库设置于船楼末段,能容纳 1 架 CH-53 重型直升机或 1 架 MV-22 倾转旋翼机或 2 架 CH-46 中型直升机,或 3 架 UH-1Y 或 AH-1Z 型直升机;舰尾的大型飞行甲板能同时起降 2 架 CH-53 或 MV-22 等级的重型旋翼机,或 4 架 CH-46 或 UH-1Y 等级的中/轻型直升机,必要时还可降落 AV-8B 等垂直降落型、短距起飞战斗机。

本级舰有 3 个总面积达 2230 米^2 的车辆甲板、3 个总容量 962 米^3 的货舱、1 个容量 1192 米^3 的 JP5 航空燃油储存舱、1 个容量达 37.8 米^3 的车辆燃油储存舱以及 1 个弹药储存舱,为登陆部队提供充分的后勤支援。舰内设有一个全通式泛水坞舱甲板,由舰尾升降闸门出入,坞舱容积也比上一代船坞登陆舰更大,可停放 2 艘气垫登陆艇或 1 艘通用登陆艇,位于舰中、紧邻坞舱的部位可停放 14 辆新一代先进两栖突击车(现役 AAV-7 两栖登陆车的后继者)。

此外,本级舰也拥有完善的医疗设施,舰内医院编制 24 名医护人员,拥有 2 个手术室、2 个牙医诊疗室和 24 个病床。虽然"圣安东尼奥"级的航空运作能力与两栖载具运用能力都比上一代船坞运输舰增加,但载运货物与兵员的数目明显减少,仅能搭载 720 名士兵("奥斯汀"级能搭载 900 名)。

"圣安东尼奥"号拥有 Mk-2 舰船自卫作战系统,可整合舰上所有的雷达与电子战系统以调整精确的目标资料,并指挥改进型"海麻雀"导弹与"拉姆"(RAM)短程防空导弹进行应战,防空自卫能力较以往的两栖舰艇大幅增加。21 世纪 10 年代中期开始,"圣安东尼奥"级将陆续追加加固海基网络事业服务(CANES)的整合开放式网络环境,将舰上原本各种独立的网络运算环境/应用系统整合为单一的网络架构,以简化系统架构、改进系统效率与安全性、降低整体成本等。第一批用来装备"圣安东尼奥"级的两套 CANES 于 2013 财年订购。

开放式舰载自卫系统(SSDS)是美国海军第一套真正实现全分散架构的舰载战斗系统,此系统通过 SafeNet 光纤区域网络整合舰上所有与防空作战相关的侦搜、追踪、火控与武器系统,包括 AN/SPS-48E 对空搜索雷达(位于 AEM/S 封闭桅杆内)、AN/SPQ-9B 追踪雷达(位于前桅塔的顶端)、AN/SAR-8 红外线追踪瞄准系统、AN/SLQ-32(V)2 电子战系统(其天线组位于首楼群结构两侧)、Mk-36 干扰火箭发射装置、密集阵近迫武器系统、"海麻雀"导弹的火控系统、"拉姆"导弹发射装置以及负责统一监控的 AN/UYQ-70 先进显控台等;每个次系统均拥有各自的模块化网络连接单元(LAU),负责执行运算处理以及网络连接工作。

根据原始设计,"圣安东尼奥"级拥有以"海麻雀"与 Mk-31 Block 1"拉姆"导弹构成的两层式近程防空导弹网,其中射程较远的"海麻雀"短程防空导弹以 4 枚装 1 管的方式装填于舰首的两组 8 联装 Mk-41 垂直发射装置中,总共可装填 64

枚；射程较短的"拉姆"导弹取代 Mk-15 密集阵近程武器系统，装填于舰上的两具 21 联装 Mk-49 导弹发射装置中，其中一具位于舰桥前方左侧的平台，另一具位于直升机库上方右侧。上述两种短程防空导弹都是美国目前舰队近程防空网的主力，具有拦截超声速掠海反舰导弹的能力。不过首舰"圣安东尼奥"号现并未配备 Mk-41 垂直发射装置，可能是考虑到必要性不高以及节省成本。

此外，本级舰也将装备美澳两国最新开发的 Mk-53 "纳尔卡"主动式消耗性诱饵（AED）发射装置。主动电子反制方面，LPD-17~LPD21 配备现役的 AN/SLQ-32（V）2 电子战系统，最初预定从 LPD-22 起换装美国最新研发的先进整合电子战系统（AIEWS），此系统的研发后来被取消。为了对付接近舰体的小型水面目标（如敌方炮艇或恐怖分子的自杀快艇），LPD-17 配备两门 Mk-46 型 30 毫米机炮以及两挺 Mk-26 型 12.7 毫米机枪，其中两门 Mk-46 机炮塔分别位于舰桥前方以及直升机库上方左侧的平台上，两型机枪机炮分布于左右舷。

Mk-46 火炮模块系统直接从美国海军陆战队开发的两栖远征坦克（EFV）移植而来。相较于 EFV 使用的炮塔，舰用版本取消 M240 型 7.62 毫米同轴机枪。EFV 源于 1974 年 8 月开始发展的先进两栖载具（AAAV），于 2011 年 1 月被取消。此外，Mk-46 也是美国海军新开发的近海战斗舰的水面作战套件的装备之一。Mk-46 Mod1 使用 ATK 的 Mk-44 "巨蝮"Ⅱ型（Bushmaster-Ⅱ）30 毫米机炮，衍生自"巨蝮"Ⅲ型 35 毫米机炮，安装于双轴稳定基座上以提高命中率，整合有具备红外线热影像仪/激光标定器以及电视摄影机的光电火控仪，可由战情中心遥控或在炮位上以人力操作。

"圣安东尼奥"级采用柴油机推进系统，主机为 4 台柯尔特-皮尔斯蒂克 2.5STC 中速涡轮增压柴油机，5 具 2500 千瓦的卡特彼勒柴油主发电机供应电力，此发电机具有自我清洁能力的过滤器。"圣安东尼奥"级的推进系统使用新设计来提高航速性能，然而这个性能是通过发动机在极限性能指标下运作而达成，所以之后问题重重，调整工作也十分困难。

2.2.3　性能参数

满载排水量：25000 吨

舰长：208.5 米

舷宽：31.9 米

吃水：7 米

航速：22 节

续航力：7000 海里（15 节）

编制员额：465 人

动力系统：4 台柯尔特-皮尔斯蒂克 2.5STC 中速涡轮增压柴油机，功率 30580 千瓦，双轴推进，5 台 2500 千瓦的柴油主发电机船电系统：1 台 AN/SPS-48E 3D C/E 波段对空搜索雷达，1 台 AN/SPQ-9B 型 I 波段搜索雷达，1 台 AN/SPS-73 型 I 波段平面搜索雷达，1 台 AN/SPS-64（V）9 型 I 波段导航雷达

声纳：1 套 AN/UQN-4A 声纳探测系统，1 套 AN/WQN-2 多普勒声波测速系统

作战系统：1 套 AN/SPQ-12（V）雷达信息显示传输系统，1 套 Mk-91 射控雷达，1 套 SSDS Mk-2 船舰自卫作战系统，1 套 USQ-119C（V）27 NTCSS 联合海上情报指挥系统，1 套 AN/KSQ-1 两栖作战指挥系统，1 套 AN/SPQ-2（V）雷达显示分派系统，1 套 AN/USG-2 CEC 联合接战能力系统，1 套 AN/SLQ-25 鱼雷对抗系统，2 套 Mk-36 干扰弹发射器，1 套 Mk-53 纳尔卡主动式消耗性诱饵发射器

登陆艇：2 艘气垫登陆艇，或 1 艘通用登陆艇，或 14 辆先进两栖突击车

舰载武器：2 座 Mk-46 Mod1 30 毫米机炮模组，4 挺 Mk-26 Mod18 型 12.7 毫米机枪，Mk-31 Block 1 拉姆短程防空导弹系统（21 联装 Mk-49 拉姆导弹发射器 2 套），预留安装两组 8 联装 Mk-41 垂直发射装置的空间（每管装填 4 枚改进型"海麻雀"导弹，共 64 枚）

搭载人数：720 人

舰载机：2 架 CH-53 运输直升机，或 4 架 CH-46 运输直升机，或 2 架 MV-22 倾转旋翼机，或 4 架 UH-1N/AH-1 直升机，或 1 架 AV-8B 垂直起降攻击机

机库：1 架 CH-53 运输直升机，或 2 架 CH-46 运输直升机，或 1 架 MV-22 倾斜旋翼机，或 3 架 UH-1N/AH-1 直升机

2.2.4　同级舰

该级舰计划建造 13 艘，已经完工服役 11 艘，2 艘已经开工建造（部分舰如图 2.6 和图 2.7 所示），见表 2.2。

图 2.6　"约翰·P. 默撒"号船坞登陆舰

图2.7 2012年2月7日航行在阿拉伯湾的"新奥尔良"号船坞登陆舰

表2.2 "圣安东尼奥"级船坞运输舰情况

序号	舰号	名称	下水	服役	备注
1	LPD-17	圣安东尼奥(San Antonio)	2003.07.12	2006.01.14	在役
2	LPD-18	新奥尔良(New Orleans)	2004.12.11	2007.03.10	在役
3	LPD-19	梅萨维德(Mesa Verde)	2004.11.19	2007.12.15	在役
4	LPD-20	格林湾(Green Bay)	2006.08.11	2009.01.24	在役
5	LPD-21	纽约(New York)	2007.12.19	2009.11.07	在役
6	LPD-22	圣迭戈(San Diego)	2010.05.07	2012.05.19	在役
7	LPD-23	安格雷奇(Anchorage)	2011.02.12	2013.05.04	在役
8	LPD-24	阿灵顿(Arlington)	2010.11.23	2013.02.08	在役
9	LPD-25	萨默塞特(Somerset)	2012.04.14	2014.03.01	在役
10	LPD-26	约翰·P.默撒(John P. Murtha)	2014.10.30	2016.08	在役
11	LPD-27	波特兰(Portland)	2016.02.13	2017.12.14	在役
12	LPD-28	劳德代尔堡(Fort Lauderdale)	2020.03.28	2022.07.30	2017.10.13铺设龙骨
13	LPD-29	小理查德·M.麦考尔(Richard M McCool Jr)	—	预计2023年	2019.04.12铺设龙骨
14	LPD-30	哈里斯堡(Harrisburg)			已签订合同,并将进行改进

2.3 "黄蜂"级两栖攻击舰

2.3.1 简介

"黄蜂"(Wasp)级两栖攻击舰又称为多功能两栖攻击舰,是在美国海军服役的直升机登陆船坞舰。它根据"塔拉瓦"(Tarawa)级进行设计,但是装载更先进的飞机和登陆艇。"黄蜂"级几乎能运输一支美国海军陆战队远征部队(MEU),并通过登陆艇或直升机在敌方领土纵深或前沿作战。所有"黄蜂"级舰都在密西西比州帕斯卡古拉的英格尔斯造船厂建造。其首舰"黄蜂"号于1989年7月29日交付(图2.8)。截止到2013年,8艘"黄蜂"级舰已全部完成建造,目前均在役。本级舰末舰"马金岛"号以全新的复合燃气涡轮与电力推进动力系统取代了复杂笨重且反应缓慢的蒸汽涡轮系统,成为美国海军第一种使用综合电力推进系统的作战舰艇。

图2.8 "黄蜂"号两栖攻击舰

2.3.2 结构特点

"黄蜂"级的设计基于"塔拉瓦"级,为了搭载AV-8B飞机和气垫登陆艇,设计进行了修改,这也使得"黄蜂"级成为第一级专门操作这些设备的两栖舰。"塔拉瓦"级与"黄蜂"级的主要结构不同之处是"黄蜂"级舰上的桥梁位置较低,指挥和控制设施迁至船体内,不配备127毫米的Mk45舰炮,且取消了飞行甲板边缘的舷

台,为了携带气垫登陆艇,整体延长了 7.3 米。

"黄蜂"级的舰内空间结构与"塔拉瓦"级相似,不过舰内车库甲板面积为 1980 米^2,仅为"塔拉瓦"级的 73%,货舱甲板容积为 3030 米^3,也只有"塔拉瓦"级的 92%,腾出的空间用来容纳舰载机及相关设施,可装载比"塔拉瓦"级更多的舰载机。"黄蜂"级的泛水式舰内坞舱长 82.1 米、宽 15.3 米,虽然尺寸比"塔拉瓦"级小,不过由于内部结构变更的关系,"黄蜂"级的坞舱一次能容纳 3 艘气垫登陆艇或 12 艘 LCM-6 机械登陆艇("塔拉瓦"级一次只能搭载 1 艘气垫登陆艇或 4 艘通用登陆艇),并且能在坞舱内直接对其所属小艇进行维修。

该级舰支持通过使用登陆艇或直升机两种方式实施两栖登陆,所以在设计时考虑了 AV-8B 垂直起降飞机的搭载能力,无须接近滩头便能进行攻击任务,因此并移去了"塔拉瓦"级舰采用的 Mk-45 舰炮,飞行甲板可用面积得以增加。这是两级舰在外观上的主要区别之一。与"塔拉瓦"级一样,"黄蜂"级拥有 2 台供运送舰载机用的大型升降机,全配置在甲板边缘,而"塔拉瓦"级则有 1 台升降机,设在舰尾中线上,这些升降机需要进行折叠,都具有运送 CH-53 重型直升机的能力。"黄蜂"级的舰内车库甲板的标准搭载量包括 5 辆 M-1 主战坦克、25 辆 AAV-7 两栖登陆车、8 辆 M-109 自行炮、68 辆战术轮型卡车、10 辆补给车辆、20 辆 5 吨军用卡车、2 辆水柜拖板车、2 辆发电机拖板车、1 辆油罐车、4 辆全地形堆高机等。

车库甲板并未设置驶进/驶出舱门,这些车辆需驶入舰内坞舱,由登陆艇运上岸,或由升降机送至甲板上,由重型直升机吊挂至岸上。舰上有 6 个长 7.6 米、宽 3.6 米的货运升降机,比"塔拉瓦"级多一个升降机。

"黄蜂"级的飞行甲板由高强度钢板建造,长 249.6 米、宽 42.67 米。设有 9 个直升机降落点,可操作如西科斯基公司的 CH-53"海上种马"直升机和波音公司的 CH-46"海上骑士"级别的直升机。用于攻击和支援的标准配置为 6 架"鹞"式战斗机、4 架 AH-1W 攻击直升机、3 架或 4 架 UH-1N 多用途直升机。进行全面攻击时的配置:42 架 CH-46"海上骑士"运输直升机,在进行反潜作战时,由 6 架西科斯基公司的 SH-60 反潜直升机支援。而在操作最新一代的 MV-22 倾转旋翼运输机时,"黄蜂"级最多能配置 12 架。"黄蜂"级还能搭载 20~25 架 AV-8B 垂直起降战机与 4~6 架 SH-60B 反潜直升机,可当作垂直降落短距起飞飞机的母舰来使用。由于"黄蜂"级的飞行甲板足够长,AV-8B 即使不靠滑跃甲板也能顺利起飞。在一般编制 6 架 AV-8B 的情况下,"黄蜂"级平均每日出击架次(只计算 AV-8B)为 10~20 架次;如果搭载 20 多架 AV-8B,每日出击架次可提高到约 30 架。

本级舰配备 SWY-3 武器指挥系统与先进作战指挥系统,两者连接舰上所有的雷达与电子战系统(包括 SPS-48、SPS-52、Mk-23 TAS、SPS-67、Mk-15 密集阵上的雷达、SLQ-32 电子战系统以及日后新增的 SPQ-9B 目标追踪雷达),指挥 Mk-15 Block 1A 密集阵近程武器系统以及北约"海麻雀"防空导弹进行防空接战。

"黄蜂"级也配备 SYS-2 整合目标自动追踪系统,首舰"黄蜂"号使用的版本为 SYS-2(V)3;不过"黄蜂"号虽在 1989 年 7 月已服役,但舰上的 SYS-2(V)3 直到 1991 年才通过所有测试。后续的"黄蜂"级则使用 1990 年开发的 SYS-2(V)5。2005 年起,美国海军开始 LHD5-8 上加装 Mk-38 Mod 2 型 25 毫米遥控机炮。

该级舰还都配置了一个具有 64 个病床和 6 间手术室的医院。另外,在特殊情况下还可再增加 536 个床位。

2.3.3 性能参数

标准排水量:40150 吨

满载排水量:41150 吨

舰长:253.2 米

舰宽:32 米

吃水:8.1 米

航速:24 节

续航力:7500 海里(20 节)

编制员额:1108 人

搭载人数:1800~2200 名

动力系统:2 台锅炉,2 台蒸汽轮机,功率 51450 千瓦,双轴推进(LHD-8 为 2 台 LM2500 燃气轮机),1 具舰首推进器

雷达系统:1 套 AN/SPS-48E 3D 对空搜索雷达,1 套 AN/SPS-64 平面搜索雷达,1 套 AN/SPS-73 平面搜索雷达,1 套 AN/SPQ-9B 追踪雷达(改良后加装)

电子战系统:1 座 6 联装 Mk-36 SRBOC 干扰弹发射器,1 套 AN/SLQ-25 鱼雷对抗系统

作战系统:ACDS 作战系统,1 套 Mk2 船舰自卫系统(LHD-8),陆战队两栖战术与管制系统(MTACCS),整合性两栖战术武器资料系统(ITAWDS),联合战术信息分配系统(JYIDS)

舰载武器:2 座 Mk-29 IPDMS"海麻雀"短程防空导弹发射器,2 座 Mk-15 Block 1A 密集阵近程武器系统(LHD5~8 是 2 座,LHD1~4 是 3 座),1 座 Mk-31 Block 0/1"拉姆"短程防空导弹系统(21 联装 Mk-49"拉姆"导弹发射器,20 世纪 90 年代陆续加装),3 座 Mk-38 Mod1/2 型 25 毫米机炮(LHD5~8 是 3 座,LHD1~4 是 4 座),4~8 挺 Mk-33 型 12.7 毫米机枪

登陆艇:3 艘气垫登陆艇,或 2 艘通用登陆艇,或 6 艘 LCM-8 机械登陆艇,或 40-61 辆 LVTP-7 两栖突击车

舰载机:

标准模式①:4 架 CH-53 运输直升机,12 架 CH-46 运输直升机,4 架 AH-

1W 攻击直升机，6 架 AV-8B 垂直起降攻击机，2 架 UH-1N 通用直升机

标准模式②：9 架 CH-53 运输直升机，12 架 CH-46 运输直升机，4 架 AH-1W 攻击直升机，6 架 AV-8B 垂直起降攻击机，4 架 UH-1N 通用直升机

突击模式：42 架 CH-46 运输直升机，或 12 架 MV-22 倾斜旋翼机

制海模式：20 架 AV-8B 垂直起降攻击机，4～6 架 SH-60B 反潜直升机

2.3.4　同级舰

该级舰计划建造 8 艘，目前均在役（部分舰如图 2.9～图 2.11 所示），见表 2.3。

图 2.9　登陆艇正进入"埃塞克斯"号两栖攻击舰

图 2.10　CH-53E 直升机正在"巴丹"号两栖攻击舰上着陆

图2.11　2012年在印度洋海域执行任务的"马金岛"号两栖攻击舰

表2.3　"黄蜂"级两栖攻击舰情况

序号	舰号	名称	下水	服役	备注
1	LHD-1	黄蜂（Wasp）	1987.08.04	1989.07.29	在役
2	LHD-2	埃塞克斯（Essex）	1991.02.23	1992.10.17	在役
3	LHD-3	奇尔沙治（Kearsarge）	1992.03.26	1993.10.16	在役
4	LHD-4	博克瑟（Boxer）	1993.08.13	1995.02.11	在役
5	LHD-5	巴丹（Bataan）	1996.03.15	1997.09.20	在役
6	LHD-6	博诺姆·理查德（Bonhomme Richard）	1997.03.14	1998.08.15	在役
7	LHD-7	硫磺岛（Iwo Jima）	2001.03.25	2001.06.30	在役
8	LHD-8	马金岛（Makin Island）	2006.09.22	2009.10.24	在役

2.4 "塔拉瓦"级通用两栖攻击舰

2.4.1 简介

"塔拉瓦"（Tarawa）级通用两栖攻击舰是美国海军的两栖作战舰艇（图2.12），它配载登陆艇、两栖车辆、直升机等，兼有两栖攻击舰和运输舰的作战能力。该级

的首制舰"塔拉瓦"号由密西西比州帕斯卡古拉的英格尔斯造船厂建造，于1971年1月动工，11月15日铺设龙骨，1973年12月1日下水，1976年5月29日服役，2009年3月31日退役。该级舰满载排水量39967吨，是当时美国海军第二次世界大战后建造的最大两栖攻击舰。

图2.12　"塔拉瓦"级通用两栖攻击舰

2.4.2　结构特点

"塔拉瓦"级通用两栖攻击舰的外形同第二次世界大战时期的航空母舰，采用通长甲板，高干舷，甲板下为机库。甲板整体为方形，舰首略窄，2座127毫米舰炮位于甲板顶端两侧。舰右侧设一座较长的岛式建筑，前后设置两低桅，前桅后和后桅前有两级烟囱。2部升降机分别位于左侧船舷后部及船尾。

该级舰可作为直升机攻击舰、两栖船坞运输舰、登陆物资运输舰和两栖指挥舰使用，能完成4艘或5艘登陆运输舰的任务。

该级舰装备有对空导弹、机载空舰导弹和近防武器系统，以及直升机和垂直短距起降飞机，形成远、中、近结合和高、中、低一体的作战体系，具有防空、反舰和对岸火力支援等能力。

该级舰的指挥控制系统较先进，装备有对内对外通信系统、通信数据收集与处理系统、登陆战战术情报综合系统，以及大量的先进电子设备，可作为陆、海、空三军联合登陆作战的指挥舰使用。在1991年海湾战争中，该级舰与"硫磺岛"级舰部署在海湾地区，在两栖作战中实施垂直登陆突击行动。

2.4.3　性能参数

满载排水量：39967 吨

舰长：254.2 米

舰宽：40.2 米

吃水：7.9 米

航速：24 节，20 节（经济航速）

续航力：10000 海里（20 节）

编制员额：930 人（含军官 56 人）

动力系统：2 台锅炉，2 台齿轮传动式涡轮机，功率 52.2 兆瓦，双轴推进，1 具舰首侧推装置，670 千瓦，4 台 2500 千瓦蒸汽轮机交流发电机，2 台 2000 千瓦应急柴油机交流发电机，4 台 150 千瓦柴油机（供电子设备使用）

登陆艇：4 艘 LOU1610 型通用登陆艇，或 2 艘通用登陆艇和 2 艘 LCM8 机械化登陆艇，或 17 艘 LCM6 机械化登陆艇，或 45 辆履带式登陆车，或 4 艘大型人员登陆艇，另可带 1 艘气垫登陆艇

武器装备：2 座通用动力公司的反辐射防空导弹发射装置（每座备弹 21 枚），2 门 Mk45 Mod1 型 127 毫米舰炮，6 门 Mk2 42 型 25 毫米机关炮，2 座 Mk15 型六管 20 毫米密集阵近程武器系统

装载能力：1703 人，1200 吨航空燃料

电子设备：1 部 SPS52C 三坐标对空搜索雷达，1 部 SPS40B/C/D 雷达，1 套 Mk23 目标捕获系统，1 部 SPS67 对海搜索雷达，1 部 SPS64（V）9 导航雷达，1 部 URN25 "塔康"战术导航雷达，1 部 SPN35A 飞机进场控制雷达，1 部 SPN43B 空中交通管制雷达，1 部 SPG60 火控雷达，1 部 SPQ9A 火控雷达，1 部 CIS Mk XV 敌我识别雷达

火控系统：1 套 Mk86 Mod4 火炮火控系统，2 部光电指挥仪

电子战系统：4 座 Mk36 SRBOC 六管固定式诱饵发射装置，1 套 SLQ25 "水精"鱼雷诱饵系统，1 套北约"海蚊"系统，1 套 SLQ49 浮标假目标系统，1 套 AEB SSQ95 系统，1 套 SLQ32V（3）组合式雷达侦察、干扰和欺骗电子战系统

作战数据系统：1 套登陆战综合战术数据系统

舰载机：19 架 CH-53D"海上种马"直升机，6 架 AV-8B"鹞"式垂直/短距起降飞机，或 26 架 CH-46D/E"海上骑士"直升机

飞行设施：飞行甲板（长 250 米、宽 36 米）

2.4.4　同级舰

该级舰计划建造 9 艘，实际建造了 5 艘（部分舰如图 2.13～图 2.15 所示）。目前全部退役，被更为先进的"黄蜂"级所替代，见表 2.4。

图2.13 航行中的"塞班岛"号通用两栖攻击舰

图2.14 2006年作为靶舰被击沉的"贝洛伍德"号通用两栖攻击舰

第二章 美国海军

图 2.15 2014 年 10 月"贝里琉"号通用两栖攻击舰在菲律宾海航行

表 2.4 "塔拉瓦"级通用两栖攻击舰情况

序号	舰号	名称	下水	服役	备注
1	LHA-1	塔拉瓦（Tarawa）	1973.12.01	1976.05.29	2009.09.30 退役，储备
2	LHA-2	塞班岛（Saipan）	1974.07.18	1977.10.15	2007.04.20 退役，出售解体
3	LHA-3	贝洛伍德（Belleau Wood）	1977.04.11	1978.09.23	2005.10.28 退役，2006.07.13 作为靶舰被击沉
4	LHA-4	纳塞（Nassau）	1978.01.21	1979.07.28	2011.03.31 退役，储备
5	LHA-5	贝里琉（Peleliu）	1978.11.25	1980.05.03	2015.03.31 退役，储备

2.5 "特伦顿"级两栖运输舰

2.5.1 简介

"特伦顿"（Trenton）级两栖运输舰是"奥斯汀"（Austin）级的改进版。"奥斯汀"级共建造 12 艘，其中包括改进版"克利夫兰"（Cleveland）级 7 艘，"特伦顿"级 2 艘（图 2.16）。应当注意的是一些资料把"克利夫兰"及其后续研发的舰船归类到"奥斯汀"级中，美国海军舰船登记室则将它们都单独进行分类。但是，在 2013 年 8 月，海军舰船登记室将"特伦顿"级的"庞塞"号仍归类到了"奥斯汀"级两栖运输舰船中。三个级别都被"圣安东尼奥"级所取代。

图 2.16　码头靠泊中的"特伦顿"号两栖运输舰

"奥斯汀"级集普通登陆舰、坦克登陆舰、登陆输送舰的功能于一身，舰上可搭载直升机、登陆艇等各类装备，可运载数百名海军陆战队人员及其装备。自该舰之后，船坞登陆舰开始成为美国海军登陆舰只的主要舰型。

"奥斯汀"级可作为浮动直升机基地以及紧急反应中心。其中船坞登陆舰的兵员舱也可用来存储救援物资，还可用来存放 2000 吨的补给品和设备，另有存放有 22.45 万加仑（1 加仑 = 3.785 升）航空燃料以及 11.9 万加仑车用燃料的油罐。舰上有 7 台起重机，其中 1 台为 30 吨，另外 6 台为 4 吨。升降机可运载 8 吨的负重。

2.5.2　性能参数

轻载排水量：8894 吨

满载排水量：16590 吨

舰长：173.7 米（总长），167 米（水线长）

型宽：30.4 米，25.6 米（水线宽）

吃水：6.7 米（设计），7.0 米（极限）

航速：21 节

续航力：7700 英里（20 节）

编制员额：28 名军官，480 名士兵

登陆艇：1 艘气垫登陆艇

装载能力：1436 名海军陆战队人员及其装备

武器装备：2 座 GE/GD20 毫米密集阵近程防御系统，2 座 25 毫米 Mk38 火炮，8 挺 12.7 毫米口径机枪

诱饵：4 部"洛拉尔－海柯尔"6 管 Mk36 干扰诱饵发射装置

电子设备：SPS－40E 型对空搜索雷达，SPS－67 型对海搜索雷达，SPS－73（V）12 型导航雷达

电子战系统：SLQ－32（V）1 型电子支援系统

直升机：最多可搭载 6 架 CH－46D/E"海骑士"运输直升机

2.5.3 同级舰

"奥斯汀"级舰共建造 12 艘，分为 3 个子级（部分舰如图 2.17 ~ 图 2.20 所示）。"特伦顿"级也是"奥斯汀"级改进型，建造 2 艘，目前 1 艘已经退役，1 艘退役后出售给印度海军，见表 2.5。

图 2.17　2014 年 7 月在环太平洋军演中作为靶舰被击沉的"奥格登"号两栖运输舰

图 2.18　在太平洋执行任务的"丹佛"号两栖运输舰

图2.19 改装之前的"庞塞"号两栖运输舰

图2.20 改装为 AFSB 后的"庞塞"号两栖运输舰（2014年9月）

表2.5 "奥斯汀"级和"特伦顿"级两栖运输舰情况

序号	舰号	名称	下水	服役	备注
1	LPD-4	奥斯汀（Austin）	1964.06.27	1965.02.02	2006.09.27 退役，2009.09.30 出售解体
2	LPD-5	奥格登（Ogden）	1964.06.27	1965.06.19	2007.02.21 退役，2014.07.10 在环太平洋联合军演中作为靶舰被挪威海军"弗里德约夫南森"号击沉
3	LPD-6	德卢斯（Duluth）	1965.08.14	1965.12.18	2005.09.29 退役，储存在夏威夷

(续)

序号	舰号	名称	下水	服役	备注
"克利夫兰"级（"奥斯汀"级改进型）					
4	LPD-7	克利夫兰（Cleveland）	1966.05.07	1967.04.21	2011.09.30退役，储存在夏威夷
5	LPD-8	迪比克（Dubuque）	1966.08.06	1967.09.01	2011.06.30退役
6	LPD-9	丹佛（Denver）	1965.01.23	1968.10.26	2014.08.14退役
7	LPD-10	朱诺（Juneau）	1966.02.12	1969.10.30	2008.10.30退役，储存在夏威夷
8	LPD-11/AGF-11	科罗纳多（Coronado）	1966.07.30	1970.05.23	1980年改为AGF-11，2006.09.30退役，2012.09.12作靶舰被击沉
9	LPD-12	什里夫波特（Shreveport）	1966.10.22	1970.12.12	2007.09.26退役，储存在费城
10	LPD-13	纳什维尔（Nashville）	1967.10.7	1970.02.14	2009.09.30退役
"特伦顿"级（"奥斯汀"级改进型）					
11	LPD-14	特伦顿（Trenton）	1968.08.03	1971.03.06	2007.01.17退役，出售给印度海军
12	LHD-15/ESB-3	庞塞（Ponce）	1970.05.20	1971.07.10	2017.10.14退役

2.6 "哈珀斯·费里"级船坞登陆舰

2.6.1 简介

"哈珀斯·费里"（Harpers Ferry）级是美国海军的一型船坞登陆舰。它是"惠特贝岛"（Whidbey Island）级舰的改进型，提高了货物的运输能力，使其近似于一艘两栖运输舰船，但设计上又不完全相同。从外部来看，两者可根据武器装载次序进行区分。"哈珀斯·费里"级舰的前方安装了密集阵近程防御系统，且舰桥的顶部安装了近程舰空导弹发射器。"惠特贝岛"级舰的武器的布局与其相反。首制舰"哈珀斯·费里"号（LSD-49）建造计划于1988年批准，1991年4月15日在阿冯达尔工业公司开工建造，1995年1月建成服役（图2.21和图2.22）。

该级的所有舰计划在服役中期进行一次升级改造，以确保它们能服役到2038年。到2013年，这些舰将每年进行升级，且该级最后一艘舰在2014年完成现代化改造。停泊在东海岸的舰将在Metro Machine公司进行升级改造。其他舰将由圣迭哥的通用动力国家钢铁和造船公司进行升级。升级主要包括柴油机的改进，燃料和维护节能系统、工程控制系统、空调/冷却水容量扩大以及空气压缩机的更换。舰船将蒸汽系统换成了全电动驱动系统来减少维护次数。

图 2.21　2006 年准备在菲律宾海苏比克湾停靠的"哈珀斯·费里"号船坞登陆舰

图 2.22　停在"哈珀斯·费里"号船坞登陆舰甲板上的直升机

2.6.2　性能参数

标准排水量：11125 吨

满载排水量：16708 吨

舰长：185.6 米

舰宽：25.6 米

吃水：6.4 米

航速：22 节（最高），18 节（经济）

续航力：8000 海里

编制员额：391 人（22 名军官）

动力系统：4 台 16PC2.5V400 型柴油机，功率 25 兆瓦，双轴推进器，可调距螺旋桨

装载能力：500 人，64 辆车辆，或 1914 米^3 的干货，90 吨航空燃油，1 台 60 吨和 1 台 20 吨起重机

登陆艇：2 艘气垫登陆艇，或 6 艘 LCM-6 型机械化登陆艇，或 1 艘通用登陆艇，2 艘人员登陆艇

雷达：SPS-49（V）5 型对空搜索雷达，SPS-67（V）型对海搜索雷达，URN-25 型"塔康"战术导航系统，UPX-29 型敌我识别雷达

电子战系统：4 座 Mk-36 型、Mk-50 型 6 管 SRBOC 诱饵发射装置，SLQ-25 "水精"拖曳式鱼雷诱饵，SLQ-32（V）1 型或 SLQ-32（V）2 型电子战系统，SLQ-49 型干扰浮标

指挥控制系统：SSR-1、WSC-3（UHF）卫星通信系统

武器装备：2 座 25 毫米 Mk38 火炮，2 座 20 毫米 Mk-15 密集阵近程防御系统，2 台 RIM-11621 管"拉姆"近程舰空导弹发射装置，6 挺 12.7 毫米 M2HB 型机枪

飞行设施：供 2 架 CH-53 直升机起降的平台

2.6.3 同级舰

该级舰建造 4 艘，目前全部在服役（图 2.23～图 2.25），见表 2.6。

图 2.23 "卡特霍尔"号船坞登陆舰

图 2.24 "奥克希尔"号船坞登陆舰

图 2.25 "珍珠港"号船坞登陆舰

表 2.6 "哈珀斯·费里"级船坞式登陆舰情况

序号	舷号	名称	下水	服役	备注
1	LSD-49	哈珀斯·费里（Harpers Ferry）	1993.01.06	1995.01.07	在役
2	LSD-50	卡特霍尔（Carter Hall）	1993.10.02	1995.09.30	在役
3	LSD-51	奥克希尔（Oak Hill）	1994.06.11	1996.06.08	在役
4	LSD-52	珍珠港（Pearl Harbor）	1996.02.24	1998.05.30	在役

2.7 "惠特贝岛"级船坞登陆舰

2.7.1 简介

"惠特贝岛"（Whidbey Island）级船坞登陆舰是美国海军新一级船坞登陆舰。为了取代20世纪50年代服役的"托马斯顿"（Thomaston）级、60年代服役的"安克雷奇"（Anchorage）级船坞登陆舰和装备当时正在研制的新型气垫登陆艇，早在70年代后期，美国海军已决定建造新型船坞登陆舰"惠特贝岛"级。美国在1978年海军五年计划中宣布了该级舰的建造计划，计划建造8艘（LSD41～LSD48）。该级舰设计以"安克雷奇"级舰为基础，首舰"惠特贝岛"号于1981年8月动工，1985年2月服役，其余7艘已分别于1986—1992年服役，前3艘在洛克希德造船建筑公司建造，后5艘在阿冯达尔工业公司建造。从LSD–44起的"惠特贝岛"级舰都装设了核生化污染"三防"系统。

2.7.2 结构特点

该级舰采用模块化建造技术，并以内燃主机取代以往两栖舰艇惯用的蒸汽涡轮，但由于本型舰不需要第一线作战舰艇的30节高速性能，同时考虑成本，因此未采用美国作战舰艇惯用的LM–2500燃气涡轮而以柴油机作为动力来源。操作经验显示，此为相当经济的做法。该级舰的主机采用与"斯普鲁恩斯"级驱逐舰类似的配置方式，分成两组独立的推进单元。本型舰后段拥有宽大的飞行甲板，长65米、宽25米，有两个作业停机点，甲板结构强度足以承受CH–53重型运输直升机。本型舰的甲板上搭载1艘车辆人员登陆艇，由60吨起重机收放；此外还有2艘大型人员登陆艇，由20吨起重机收放。

该型舰泛水式坞舱长134.1米、宽15.2米，宽度与前一代的"安克雷奇"级相当，长度则增加3米，坞舱主要用来装载气垫登陆艇。该级舰是美国第一级装载气垫登陆艇的船坞登陆舰，一次可容纳4艘气垫登陆艇，并由1套目视导引系统协助其出入坞舱。该级舰将坞舱分为干（前）、湿（后）两部分。既可使整个坞舱进水，以满足装载较多通用登陆艇、机械化登陆艇等常规登陆艇的需要；又可用挡水板在坞舱中部将坞舱分为干坞和湿坞两部分，以满足同时装坦克、车辆（在干坞）和常规登陆艇（在湿坞）的需要；还可使整个坞舱不进水，以满足装载较多坦克、车辆和气垫登陆艇的需要。坞舱的高度加高以便维持良好通风，利于气垫登陆艇的燃气涡轮工作。该型舰的人员、物资搭载能力都较前一代的"安克雷奇"级大幅提升。"惠特贝岛"级船坞登陆舰的块头要比"黄蜂"级小，它主要用于装运全垫升式气

垫登陆艇和螺旋桨推进的机械化登陆艇。气垫登陆艇可装载 2 辆大型坦克或 10 辆装甲运兵车，机械化登陆艇可装 1 辆 M60 坦克。舰上直升机甲板可停放 CH-53 "超级种马"大型直升机和 AV-8B "鹞"式垂直/短距起降飞机。该级舰的武器装备为 2 座 "密集阵"近程防御武器系统和 2 座 Mk67 型 20 毫米炮。从第四艘起明显增大了装运能力和增加了防核、生、化水幕系统，从而使其两栖作战能力又有提高。

2.7.3 性能参数

轻载排水量：11125 吨

满载排水量：15726 吨（LSD41～LSD48），16740 吨（LSD49 以后）

舰长：185.6 米

舰宽：25.6 米

吃水：6.0 米

航速：22 节

续航力：8000 海里（18 节）

编制员额：391 人（包括 21 名军官）

动力系统：4 台科尔特公司的 SEMT-皮尔斯蒂克 16PC2.5V400 柴油机，功率 25 兆瓦，双轴推进

武器装备：1 座通用动力公司的 RAM 舰对空导弹发射装置，2 座六管 20 毫米 Mk15 密集阵近程武器系统，2 座 20 毫米 Mk68Mod1 火炮，或 2 座 25 毫米 Mk88 火炮（在 LSD47 和 48 舰上代替 20 毫米炮），6 挺 12.7 毫米机枪

装载能力：450 名陆战队队员，64 辆履带式登陆车，或 22 辆 M60 或 20 辆 M1E 坦克

登陆艇：4 艘气垫登陆艇，或 21 艘 LCM6 机械化登陆艇，或 3 艘通用登陆艇，或 2 艘大型人员登陆艇，36 辆两栖突击车

雷达：1 部 SPS49V 对空搜索雷达，1 部 SPS67V 对海搜索雷达，1 部 SPS64（V）9 导航雷达，1 部 URN25 "塔康"战术导航雷达

火控系统：SAR-8 红外指挥仪

电子战系统：4 座 Mk36SRBOC 六管诱饵发射装置，SLQ-25 "水精"拖曳式鱼雷诱饵，SLQ-49 型干扰浮标，1 套 SL3（V）1 电子战系统（可能换装为 V2 型）

作战处理系统：舰艇自卫系统（首舰安装），1 套 MkXⅡ UPX-29 型敌我识别器

指挥控制系统：SSR-1、WSC-3（UHF）卫星通信系统

飞行设施：有供 2 架 CH-53 "海上种马"直升机起降的平台

2.7.4 同级舰

该级舰建造 8 艘,目前均在服役(图 2.26~图 2.33),见表 2.7。2003 年伊拉克战争期间,美国"惠特贝岛"级船坞登陆舰承担了美军大量的人员和车辆运输任务。由于该型舰的生活保障设施完备,舒适性好,因此许多美国士兵都希望乘坐它前往海湾地区。

图 2.26 "惠特贝岛"号船坞登陆舰正同补给舰进行航行横向液货补给

图 2.27 在印度洋执行任务的"拉什莫尔"号

图 2.28　"惠特贝岛"号船坞登陆舰

图 2.29　"日耳曼城"号船坞登陆舰

图 2.30　"麦克亨利堡"号船坞登陆舰

图 2.31 "甘斯通霍尔"号船坞登陆舰

图 2.32 "康斯托克"号船坞登陆舰

图 2.33 "托尔图加"号船坞登陆舰

表2.7 "惠特贝岛"级船坞登陆舰情况

序号	舰号	名称	下水	服役	备注
1	LSD-41	惠特贝岛（Whidbey Island）	1983.06.10	1985.02.09	在役
2	LSD-42	日耳曼城（Germantown）	1984.06.29	1986.02.01	在役
3	LSD-43	麦克亨利堡（Fort McHenry）	1986.02.01	1987.07.24	在役
4	LSD-44	甘斯通霍尔（Gunston Hall）	1987.06.27	1989.04.24	在役
5	LSD-45	康斯托克（Comstock）	1988.01.16	1990.01.12	在役
6	LSD-46	托尔图加（Tortuga）	1988.09.15	1990.09.07	在役
7	LSD-47	拉什莫尔（Rushmore）	1989.05.06	1991.04.26	在役
8	LSD-48	阿什兰（Ashland）	1989.11.11	1992.05.12	在役

2.8 "蓝岭"级两栖指挥舰

2.8.1 简介

"蓝岭"（Blue Ridge）级两栖指挥舰是美国海军为了两栖作战需要而专门建造的指挥舰，也是世界上唯一的一级专用指挥舰。"蓝岭"号指挥舰配属美国海军第7舰队，驻泊在日本的横须贺港（图2.34）。它的主要作用是为美国第7舰队的指挥官和指挥员提供指挥、控制、通信、计算机和情报（C^4I）支持，并计划延期服役到2039年。1991年，在海湾战争期间，"蓝岭"号指挥舰曾经派往海湾，担负多国部队海上作战部队指挥任务（图2.35）。

"惠特尼山"（Mount Whitney）号指挥舰于1981年1月配属美国海军第2舰队，驻泊在弗吉尼亚州的诺福克港（图2.36）。

第二次世界大战后，美国的两栖指挥舰多数由商船改装，无论船型、航速、电子设备和舱内布置，都不能满足指挥现代两栖战的需要。为此，美国海军在1965—1966财年批准建造2艘新型两栖指挥舰，并取名为"蓝岭"级。它们原为两栖作战编队的旗舰（代号为AGC），后于1969年1月改为指挥舰（代号改为LCC）。

图2.34 "蓝岭"号两栖指挥舰

图2.35 执行任务中的"蓝岭"号两栖指挥舰

图2.36 "惠特尼山"号两栖指挥舰

"蓝岭"级装备了先进、完善的数据搜集设备、战术情报显示设备以及传达各级指挥员命令的指挥设备，无线电台数目比航空母舰等其他舰艇多1倍。

2.8.2 结构特点

"蓝岭"级的排水量近2万吨，体积较大，使其有足够的甲板面积布置数量众多的大型通信天线，避免天线配置密集而相互干扰。较大的排水量也使"蓝岭"级有良好的适航性、较大的续航力和较强自持力。"蓝岭"级的甲板布置比较特殊，上层建筑集中配置在中部甲板，和烟囱为一体形成了一个大型舰桥，上层建筑的前部是一个大型四脚桅，后部是一个筒桅，上甲板尾部设有一个直升机起降甲板，可以停放1架中型直升机，但未设机库，整个上甲板显示很开阔、干净。为了减少电磁波的干扰，各种系留装置和补给装置都尽量布置在上甲板以下，上甲板表面配置有卫星通信天线和远距离通用短波天线。为了避免工作时相互干扰，收发信天线分开布置，舰首甲板大多安装发信用天线，舰尾甲板安装收信用天线；为了保障两栖作战中指挥员离舰上岸的需要，在舰体中部甲板下有三个约占舰体长度二分之一的突出部分，存放了3艘人员登陆艇和2艘车辆登陆艇，舰上还可以搭载700名登陆作战人员及车辆；考虑到舰上载有舰队指挥部及大量高级指挥人员，为了保持良好的工作和居住环境，全舰装有200台冷暖风机，舰上有5台涡轮发电机组供空调使用；此外，舰上还设有减摇装置，确保在高海况下船体的平稳。

"蓝岭"级作为一级专用舰队指挥舰，其优良性能突出表现在强大的指挥控制功能上。按照美国海军的指挥体制，"海军指挥控制系统"（NCCS）由"舰队指挥中心"（FCC）和"旗舰指挥中心"（TFCC）组成，"舰队指挥中心"是设在岸上的陆基指挥所，"旗舰指挥中心"就是像"蓝岭"级这样的，位于作战海域的海上指挥控制舰。在具体的作战指挥中，设在夏威夷的"舰队指挥中心"将各种作战指令、作战海域的海洋监视情报、敌情威胁及作战海域的环境数据发送到"旗舰指挥中心"，经过处理之后分送到各个指挥位置和作战部队。与此同时，"旗舰指挥中心"还会不断收到各部队关于自身状况、作战行动海域的海洋监视情报及作战任务的进展情况的报告，这些信息经过汇总处理之后报告"舰队指挥中心"。由此可见，在海上作战指挥中，"蓝岭"级处于中心环节，起着承上启下的重要作用。"蓝岭"级上的"旗舰指挥中心"是一个大型综合通信及信息处理系统，它同70多台发信机和100多台收信机连接在一起，同3组卫星通信装置相通，可以每秒3000词的速度同外界进行信息交流。接收的全部内容均可通过密码机进行自动翻译，通过舰内自动装置将译出的电文送到指挥人员手中，同时可将这些信息存储在综合情报中心的计算机中。

指挥部门——"旗舰指挥中心"是指挥员日常工作的舱室，在实施两栖作战时又称两栖登陆部队指挥舱，它的主要作用是对两栖作战中的对空、反潜、反舰兵力及航渡中的登陆编队实施指挥。舱内设有13部TA-980U卫星电话终端，两个边长

1.1 米的正方形战术显示屏，随时显示整个舰队的位置和活动情况。

登陆部队指挥舱是登陆部队指挥员的指挥位置，舱内设有海军战术数据系统终端、两栖支援信息系统终端和海军情报处理系统终端。登陆部队指挥员使用这些设施掌握登陆作战的进展情况，对先头部队的作战行动及后勤保障提供支援。

对海作战指挥中心主要用于指挥航空母舰编队和其他作战编队实施对海作战，装备有战术数据系统终端和战术显示屏。

反潜战中心与对海作战指挥中心设在同一舱室内，主要用于指挥舰队及潜艇实施反潜作战，传递反潜战信息。

登陆部队火控中心负责协调舰队内火力分配，对两栖作战提供支援，登陆作战初期对登陆地段进行航空火力和舰炮火力支援，部队抢滩作战时对敌滩头火力进行压制，登陆部队向纵深推进时实施延伸火力支援。

作战情报中心设有由各类显示屏、标图板、通信设备、终端机组成的 8 部显控台，包括空中拦截控制台、空中优劣形势控制台、战术系统显示台、威胁判断显控台、武器协调显控台等。

综合通信中心设有 200 多个控制台，协调控制 200 余种收发信装置，保障舰队与陆上指挥部及舰队下属各作战部队的通信。

密集阵近程防御系统位于舰首前端和舰尾专用平台上；多种通信天线和桅杆排列在主甲板上，包括舰首和上层建筑之间高大的框架式桅杆小型舰中上层建筑；柱式主桅位于上层建筑顶部；2 部倾斜式烟囱排气口位于上层建筑后缘顶部；舰中部非常独特的向外展开的舰体结构用于保护堆装的车辆和人员登陆艇；后甲板中部装有大型通信天线桅杆；舰体后方高大的封闭式金字塔形建筑顶部装有白色整流罩。

备注：舰体设计与"硫磺岛"级两栖攻击舰相似。

2.8.3　性能参数

标准排水量：16100 吨

满载排水量：19176 吨，18646 吨（"惠特尼山"号）

舰长：193.3 米，189 米（"惠特尼山"号）

舰宽：32.9 米

吃水：8.15 米

航速：23 节（最高），16 节（经济）

续航力：13000 海里（16 节）

编制员额：942 人（含 52 名军官）

动力系统：2 台蒸汽轮机，2 台锅炉，功率 16.4 兆瓦，单轴推进

旗舰指挥人员：1173 人（含军官 268 名）

武器装备：2 座密集阵近程防御系统，4 座 25 毫米火炮，8 挺 12.7 毫米机枪

雷达：SPS-48C型三坐标对空搜索雷达，SPS-40E对空搜索雷达，SPS-65(V)1型对海搜索雷达，LN-66、SPS-64(V)9型导航雷达，URN-25型"塔康"战术导航系统，UPX-29型敌我识别雷达

电子战系统：4座Mk-36型6管固定式SRBOC诱饵发射装置，SLQ-25"水精"拖曳式鱼雷诱饵，SLQ-32(V)3型组合式雷达预警、干扰和欺骗系统

指挥控制系统：海上联合指挥信息系统（JMCIS2.2），应急战区空中控制系统，4A、11、14号数据链，WSC-3(UHF)、WSC-6(SHF)、USC-38(EHF)卫星通信系统

直升机：2架SH-60直升机

航空设施：可携带一架除CH-53外的其他型号的直升机，无机库

2.8.4 同级舰

该级舰建造2艘（由费城海军船厂建造），目前均在服役，见表2.8。

表2.8 "蓝岭"级两栖指挥舰情况

序号	舰号	名称	下水	服役	备注
1	LCC-19	蓝岭（Blue Ridge）	1969.01.04	1970.11.14	在役
2	LCC-20	惠特尼山（Mount Whitney）	1970.01.08	1971.01.16	在役

2.9 "新港"级坦克登陆舰

2.9.1 简介

"新港"（Newport）级坦克登陆舰（LST）为美国海军战后生产的坦克登陆舰，也是美国海军最后一级使用的坦克登陆舰。为了解决耐波性问题，"新港"级虽然保留了低吃水设计，但取消了舰首登陆门，改用飞剪式舰首；登陆门的替代方案是在舰首设置大型起重机与吊臂，可在抢滩时放置大型吊桥式金属登陆跳板，车辆可从舰上直接经由登陆跳板驶下，此设计使得坦克登陆舰的最大航速超过20节，大幅度降低20世纪60年代时进行登陆作战所需时间；由于吊运登陆跳板的大型吊臂突出舰首的设计，因此"新港"级的昵称为"独角兽"（图2.37）。

"新港"级属于美军在第二次世界大战以后，为实施其海军陆战队"20节攻击力量"计划而研制的首型航速达20节的大型坦克登陆舰，是当时美海军战后建造的系列坦克登陆舰中，设计最合理、速度最快、现代化程度最高的舰只。首舰"新港"号于1966年开工，1968年下水，1969年服役，共建造20艘。到2002年，"新港"

级全部从美国海军退役，有 12 艘舰在退役后出售给了其他国家和地区海军，目前仍有 6 艘在不同国家和地区服役。

图 2.37　"新港"号坦克登陆舰

2.9.2　结构特点

为了实现舰艇高速化的技术指标，该舰在设计上突破了已有登陆舰的设计思想，从线型到登陆方式均打破了传统的设计方案，增大舰艇长宽比（16.6），使船体呈流线型；采用尖舰首、长悬臂吊跳板结构取代传统的钝舰首，使船体特别是舰首部水线附近线型瘦削，从而大大减少了船体阻力。

为了便于登滩作战使用，该舰将坦克出口从坦克甲板提到上甲板，使舰首跳板可直接从上甲板通过门形支架外伸，而且长度不受传统舰首开门尺度的限制，使登陆跳板长度达 34 米，从而大大改善了舰艇登滩性能，降低了对登陆地形的要求。舰首跳板采用铝质材料，为整体式结构，长度为 34.14 米、宽度为 4.8 米、质量为 35 吨，能承受 75 吨负荷。跳板还可以分别向左右进行 15°的调整。整个跳板上表面加有等距分布的防滑条，防止坦克和车辆在上面打滑。跳板平时放在舰首部上甲板上，登陆时它向前伸出，放下到海岸或浮桥上。此时，坦克舱内坦克或车辆通过斜跳板移动到上甲板，再从上甲板经舰首跳板下舰登陆（图 2.38）。采用此种长跳板登滩，当海滩坡度为 2°，跳板角度为 20°，尾纵倾为 2°时，跳板搁浅一端的涉水深度不超过 1.2 米，基本满足登陆兵涉水登陆的战术要求；当舰的纵倾和横摇分别为 5°和 2°时，人员、车辆也可照常登陆，从而实现登陆快速化。

图 2.38　放下舰首跳板的"新港"号坦克登陆舰

为了在两栖作战中快速冲滩和退滩，坦克舱改为全舰贯通式，舰尾增设尾门并设跳板，可供水陆坦克等两栖车辆在深水中上下，也可与大型登陆艇的跳板接通，将坦克等装备从该级舰换乘到登陆艇。舰尾跳板搭到码头上时，可从舰尾部装载车辆。由于水陆坦克和其他车辆从舰尾部上舰、舰首部下舰可以正向进出，这对驾驶员操作和指挥十分方便。

舰后部两舷装有 4 个浮箱，浮箱长约 25 米、宽约 6 米，容许负重 75 吨。当海岸状况不宜直接登陆时，相互衔接可外伸 100 米，坦克可不受滩情况限制，距岸 100 米便可经浮桥登、退滩（图 2.39），降低了登陆场地的限制。

图 2.39　与滩头连接好浮桥的"新港"号坦克登陆舰

为了便于登陆作业时的指挥和舰艇操纵以及增加车辆和直升机的载运量,该舰上层建筑未按传统方式设在舰尾而置于中间偏前,不仅扩大了驾驶室和指挥室的视野,而且在后面甲板增设了直升机平台,并且也可用来装载车辆。为了在登陆时能准确选定舰位,改善舰艇机动性能,能以舰尾为轴进行转向,该级舰增设 2 个定速反转变距螺旋桨。

为了提高舰艇的安全性和生存能力,该级舰稳性按水面舰艇稳性标准校核,满载排水量时的初稳性高度为 1.92 米,舰登滩时龙骨线在舰尾垂线处比型基线低 1.5 米,舰尾极限纵倾为 1.5 米;超过此值可增加舰首压载物,使纵倾恢复。此外,该级舰装备有火炮、直升机和近防武器系统,使之具有防空、反舰和火力支援等能力,是世界上武器最多、火力最强的坦克登陆舰之一。

2.9.3　性能参数

轻载排水量:4793 吨

满载排水量:8500 吨

舰长:159.2 米

舰宽:21.2 米

吃水:5.3 米(舰尾部)

航速:20 节

续航力:2500 海里(14 节)

编制员额:224 人(含军官 14 名)

动力系统:6 台 ALCO(ARCO16 – 251 型)柴油发动机,功率 11760 千瓦,双轴推进,可调距螺旋桨,588 千瓦舰首推进器,3 台 ALCO GE 发电机,功率 750 千瓦

自给能力:8 天

装载能力:400 名海军陆战队员,1765.2 米^2 甲板可装载 29 辆坦克,或 30 辆两栖突击车

登陆艇:3 艘车辆与人员登陆艇,1 艘大型人员登陆艇

武器装备:1 座 20 毫米密集阵防御系统,4 座双管 76 毫米博福斯舰炮

电子对抗设备:4 部 Mk36 舰载无源干扰发射器,1 部 SLQ32(V)雷达侦察设备

通信设备:SRR – 1、WSC – 3 特高频卫星通信设备

雷达:1 部 SPS – 67 型对海搜索雷达,1 部 LN – 66 型或 CRP – 3100 型导航雷达

飞行设施:直升机平台,可起降 2 架直升机

2.9.4　同级舰

该级舰共建造 20 艘,在美国海军已经全部退役。退役后有 12 艘出售给了其他国家和地区的海军,目前仍有 6 艘在服役。留下来的大多数当作靶舰在训练和演习

中被击沉,见表2.9。

表2.9 "新港"级坦克登陆舰

序号	舰号	名称	美国服役	备注
1	LST-1179	新港(Newport)	1969—1992	出售给墨西哥海军,A-411,在役
2	LST-1180	马尼托瓦克(Manitowoc)	1970—1993	出售给中国台湾海军,LST-232,在役
3	LST-1181	萨姆特(Sumter)	1970—1993	出售给中国台湾海军,LST-233,在役
4	LST-1182	夫勒斯诺(Fresno)	1969—1993	2014年9月15日演练中被击沉
5	LST-1183	皮奥瑞亚(Peoria)	1970—1994	2004年12月7日演练中被击沉
6	LST-1184	弗雷德里(Frederick)	1970—2002	出售给墨西哥海军,A-412,在役
7	LST-1185	斯克内克塔迪(Schenectady)	1970—1993	2004年11月23日演练中被击沉
8	LST-1186	卡尤加(Cayuga)	1970—1994	出售给巴西海军,G-28,在役
9	LST-1187	塔斯卡卢萨(Tuscaloosa)	1970—1993	2014年7月,环太平洋联合军演作靶舰被击沉
10	LST-1188	萨吉诺(Saginaw)	1971—1994	出售给澳大利亚海军,2011年退役
11	LST-1189	圣贝纳迪诺(San Bernardino)	1971—1995	出售给智利海军,2010年退役
12	LST-1190	博尔德(Boulder)	1971—1994	2008年12月1日除籍,待处理
13	LST-1191	拉辛(Racine)	1971—1993	储存在珍珠港,待处理
14	LST-1192	斯帕坦堡郡(Spartanburg County)	1971—1994	出售给马来西亚海军,A1505,2009年10月8日在一场火灾中烧毁
15	LST-1193	费尔法克斯郡(Fairfax County)	1971—1994	出售给澳大利亚海军,2011年退役
16	LST-1194	拉穆尔郡(La Moure County)	1971—2000	2001年7月10日演练中被击沉
17	LST-1195	巴伯郡(Barbour County)	1972—1992	2004年4月6日演练中被击沉
18	LST-1196	哈兰郡(Harlan County)	1972—1995	出售给西班牙海军,L-42,2012年退役
19	LST-1197	巴恩斯特布尔(Barnstable County)	1972—1994	出售给西班牙海军,L-41,2009年退役
20	LST-1198	布里斯托郡(Bristol County)	1972—1994	出售给摩洛哥海军,407,在役

2.10 "弗兰克·S. 贝森"级后勤支援舰

2.10.1 简介

"弗兰克·S. 贝森"(Frank S. Besson)级后勤支援舰是美国陆军最大的水面舰

艇，目的是使陆军具有投送车辆和物资的全球战略能力（图2.40）。战时，它可以从战略海运船装载2000吨并运送到岸滩。

图2.40 "弗兰克·S. 贝森"级后勤支援舰

后勤支援舰分遣队携带货物和/或设备到达战区，或在战区内服务。它可提供滚装或物流到岸作业，尤其是用集装箱装载装备、车辆和其他超尺寸或超重量的物资，图2.41为执行任务中的后勤支援舰。

图2.41 后勤支援舰和"波利克斯"号海运船并靠，"波利克斯"正在将车辆装到后勤支援舰上，后勤支援舰再将它们运送到岸

该级舰有前后斜坡跳板，设计吃水小，使它们在只有1.2米水深的情况下，能够携带900吨的车辆和物资能够自己抢滩，或在滚装条件下携带2000吨车辆和物资。其甲板能够装载陆军使用的所有车辆，可以装载15辆M1"艾布拉姆斯"主战坦克，或82个标准集装箱。

2.10.2　性能参数

轻载排水量：1587吨

满载排水量：4266吨

舰长：83.2米

舰宽：18.3米

吃水：3.66米（满载），1.83米（轻载）

航速：12.5节（轻载），11.5节（满载）

续航力：8200海里（轻载），6500海里（满载）

自持力：30天

编制员额：29人（含6军官）

动力系统：2台EMD 16-645E2柴油机，每台功率1454千瓦，双轴推进，发电功率599千瓦

装载能力：物资2000吨（86辆C-141），有舰首尾跳板，舰首门宽度7.92米，甲板面积975米^2（可装载21~24辆M1主战坦克，或25个20英尺集装箱，或双层装载50个20英尺集装箱）

2.10.3　同级舰

该级舰建造8艘，目前均在服役，见表2.10。

表2.10　"弗兰克·S.贝森"级后勤支援舰情况

序号	舰号	名称	下水	服役	备注
1	LSV-1	弗兰克·S.贝森（Frank S. Besson）	1987.06	1988.01	在役
2	LSV-2	哈罗德·C.柯林奇（Harold C. Clinge）	1987.09	1988.04	在役
3	LSV-3	布里恩·B.萨默维尔（Brehon B. Somervell）	1987.11	1988.07	在役
4	LSV-4	威廉·B.邦克（William B. Bunker）	1988.01	1988.09	在役
5	LSV-5	查尔斯·P.格罗斯（Charles P. Gross）	1990.07	1991.04	在役
6	LSV-6	詹姆斯·A.洛克斯（James A. Loux）	1994.04	1995.07	在役
7	LSV-7	罗伯特·T.库洛达（Robert T. Kuroda）	2003.03	2006.08	在役
8	LSV-8	罗伯特·史莫斯（Robert Smalls）	2004.03	2007.09	在役

2.11 "蒙特福特角"级机动登陆平台

2.11.1 简介

机动登陆平台（MLP）是为美国海军建造的一型两栖突击舰，首舰于2013年服役。它是两栖作战的浮动基地，是大型舰船到小型登陆艇的物资转运站。这一概念的验证试验从2005年开始，试验初期征用大型起重船进行。在2010年末，通用动力公司的国家钢铁和造船公司获得了设计和建造首舰的合同，称为"蒙特福特角"（Montford Point）级，2011年7月开始建造（图2.42）。美国海军原计划建造3艘，2012年提出第4艘，到2014年又提出第5艘的建造要求。

图2.42　在海上航行的"蒙特福特角"号（2014年7月）

2005年9月，美国海军批准机动登陆平台概念试验，测试两栖作战时海上基地的可行性。

利用重型起重货船"MV Mighty Servant 1"作为模拟机动登陆平台，"沃特金斯"号车辆运输舰代替美国海上预置部队的运输舰。试验的第一步是在锚泊在普吉特海湾的2艘船间传送货物。接下来，这些船到达圣迭戈，在那里，货物先从"沃特金斯"号传送到"MV Mighty Servant 1"上，然后将坦克装到气垫登陆艇上，起重船甲板下沉，气垫船"飞"到岸（图2.43）。

2006年9月和10月，第二轮测试有"红云"号车辆运输舰和"MV Mighty Servant 3"起重船在弗吉尼亚诺福克州进行。这一次,两船在海上停泊在一起,车辆从"红云"号行驶到"MV Mighty Servant 3"上,然后登上气垫登陆艇。2010年2月,"MV Mighty Servant 3"号和"索德曼"号车辆运输舰在墨西哥湾进一步试验。这期间,人员和各种车辆,从"悍马"到M1"艾布拉姆斯"坦克,在两舰之间均可传送。然后在4级海况下从"MV Mighty Servant 3"上下水。

图2.43　重型起重货船"MV Mighty Servant I"和"沃特金斯"号车辆运输舰进行概念试验

机动登陆平台的概念是一艘大型辅助支援舰,其作用是承担两栖登陆部队的浮动基地或转运站功能的可以预置在目标区域的"海上基地"。军队、装备和物资可以通过吃水深的大型运输舰船转送到机动登陆平台,再通过如气垫登陆艇等吃水浅的船、登陆艇,或直升机转送上岸。为了能从大型舰船转运车辆到远征运输平台,要求车辆应适应车辆转运系统,车辆转运系统是一个能够补偿海上两并靠舰船相对运动的跳板(图2.44)。

通用动力公司的初步设计设想是能够携带6艘气垫登陆艇,2艘登陆艇同时从舰尾装载,并能转向。机动登陆平台应能保障一个旅规模的军队,以20节的速度航行,续航力能达到9000海里。每艘舰的建造费用大约15亿美元。然而,削减2011财政年度国防开支计划,迫使缩减2009年中期设计的方案。

2011年1月,美国时任海军部长雷·马布斯宣布,美国海军首批3艘机动登陆平台将分别命名为"蒙特福特角"(Montford Point)号、"约翰·格伦"(John Glenn)号和"路易斯·B. 普勒"(Lewis B. Puller)号。其中,第3艘机动登陆平台"路易斯·B. 普勒"号与前2艘船型不同,采用了双层甲板设计。2015年9月,美国时任海军部长雷·马布斯宣布用字母"E"代表"远征支援船",将前2艘机动登陆平台改称为"远征运输船"(ESD)。将第3艘机动登陆平台"路易斯·B. 普勒"号改称为"远征移动基地船"(ESB),并宣布再建造2艘远征移动基地船。

图 2.44　车辆转运系统效果图

2.11.2　结构特点

通用动力公司确定了以民用油船"阿拉斯加"（Alaska）级（由国家钢铁和造船公司的子公司建造）作为机动登陆平台的基础，设计成为一艘能浮起/下沉的船（图 2.45），每艘的造价约 5 亿美元。作为费用削减的一部分，车辆传输系统被取消，取而代之的是舰船与机动登陆平台采用系泊并靠方式，气垫登陆艇减少为 3 艘。新设计舰长 239 米、舰宽 50 米，最高航速超过 15 节，最大续航力 9500 海里。科孚德机电公司为机动登陆平台提供综合电力系统和船舶自动化系统。

图 2.45　机动登陆平台的计算机效果图

2013 年 3 月，美国海军作战部长乔纳森·格林纳特展示了"机动登陆平台的变体 – 漂浮前进补给基地"（ESB）的幻灯片，它是机动登陆平台的一个改进，在半潜甲板上通过支墩增加了居住条件、一个机库和一个大的飞行甲板，这一方案 2012 年

1月首次提出，后来又突然宣布"庞塞"号（LPD-15）将改为一艘临时的漂浮前进补给基地（AFSB）。它可用来支援特殊部队和情报收集，用作直升机、MV-22"鱼鹰"可倾斜旋翼机甚至F-35B隐身战斗机的基地。但是，"庞塞"号的主要配置将是扫雷用MH-53E"海龙"直升机。2013年3月，考虑了机动登陆平台的一系列改变，漂浮前进补给基地承担两栖舰的多种功能。

不像前2艘机动登陆平台，ESB-3和ESB-4将作为漂浮前进补给基地舰船，支持特种部队的任务，如打击海盗、走私，海上安全，水雷清除，以及人道主义救援和救灾任务。漂浮前进补给基地舰主要支持低强度任务，使更昂贵的、高价值的两栖作战舰艇和水面作战舰艇重新分配到美国海军更需要的作战任务。这些漂浮前进补给基地舰主要部署在中东和太平洋。

与最初两艘机动登陆平台一样，ESB-3和ESB-4的设计也是基于"阿拉斯加"级民用油船的船体，2艘漂浮前进补给基地舰将装备支持扫雷、特种作战和其他远征任务的设施。将携带一艘支持多达298名执行额外任务的人员住宿驳船。航空设施包括一个可操作2架CH-53的重型运输直升机的飞行甲板，和一个停放2架CH-53的重型运输直升机辅助甲板。"普勒"（Puller）号还有一个机库、一个军械库和海上补给装备，以及和使命相关的装备储存甲板（图2.46）。

图2.46 "路易斯·B.普勒"号计算机效果图

2012年2月，通过国防海上补给基金为国防部2013财年拨款，美国海军订购了ESB-3，2013年11月5日，ESB-3在加利福尼亚州圣迭戈的国家钢铁造船厂举行了铺设龙骨典礼。

2012年3月，美国海军要求在2014财年的国防海上补给基金预算中建造第4艘舰，提出ESB-3和ESB-4应当是漂浮前进补给基地（MLP-AFSB）。国会否决了

2艘的请求，理由是"庞塞"号可以完成这一工作。截至2013年3月，海军作战部长仍打算采购2艘机动登陆平台和2艘漂浮前进补给基地船，事实上，2012年末海军水面部队领导提出的"2025水面舰队展望"设想购买更多机动登陆平台的改进舰作为传统两栖舰艇的廉价替代。

2014年1月16日，海军海上系统司令部的海上战略和补给计划部门海军上校亨利·史蒂文斯宣布，将评估MV-22"鱼鹰"旋翼飞机在漂浮前进补给基地舰上操作的可能性。MH-53E扫雷直升机的试验和评估在2016财年开始。此外，史蒂文斯上校说，由于F-35B垂直降落型短距起飞飞机排放的高温气体会损坏舰船甲板，F-35B目前还未考虑。

"蒙特福特角"级机动登陆平台的首舰2012年1月19日铺设龙骨，"约翰·格伦"号于2012年4月17日开始建造，那时，"蒙特福特角"号已经完成48%的建造工作。"蒙特福特角"号于2013年3月2日在圣迭戈举行了命名仪式。首舰2015年形成战力，第3艘于2017年实现。"蒙特福特角"号在2013年9月13日完成了合同试验，"约翰·格伦"2013年9月15下水，"刘易斯·B. 普勒"号于2013年9月19日开始建造。

2014年12月19日，美国海军的海军海上系统司令部宣布建造第2艘漂浮前进补给基地船（ESB-4），这艘舰由国家钢铁与造船公司在加利福尼亚州圣迭戈的造船厂建造，造价4.98亿美元，后来命名为"赫谢尔·伍迪·威廉姆斯"号，2016年8月2日铺设龙骨，2017年8月19日下水，2018年2月22日服役。第5艘命名为"米格尔·吉斯"号，2018年1月30日铺设龙骨。

2.11.3 性能参数

标准排水量：34500 吨

满载排水量：83000 吨

平台长度：233 米，239 米（AFSB）

平台宽度：50 米

吃水：7.8 米

航速：15 节

续航力：9500 海里

编制员额：34 人

动力系统：柴电推进系统，4 台 MAN/B&W 中速柴油机，24 兆瓦柴油发电机，双轴推进；2 兆瓦的舰首推进器

登陆艇：携带 3 艘气垫登陆艇

武器装备：无

飞行设施：机库（可停放 2 架 MH-53 直升机），大型直升机甲板（AFSB）

2.11.4 同级舰

该级舰计划建造 3 艘,后来调整为 5 艘。已经完工服役 4 艘,1 艘已经下水,见表 2.11。

表 2.11 "蒙特福特角"级机动登陆平台情况

序号	舷号	名称	铺设龙骨	下水	交付
1	T-ESD-1	蒙特福特角(Montford Point)	2012.01.19	2012.11.13	2013.05.14
2	T-ESD-2	约翰·格伦(John Glenn)	2012.04.17	2014.02.02	2014.03.11
3	T-ESB-3	刘易斯·B. 普勒(Lewis B. Puller)	2013.11.05	2014.11.06	2017.08.17
4	T-ESB-4	赫谢尔·伍迪·威廉姆斯(Hershel Woody Williams)	2016.08.02	2017.08.19	2018.02.22
5	T-ESB-5	米格尔·吉斯(Miguel keith)	2018.01.30	2019.11.15	2021.05.08

"蒙特福特角"号是为了纪念 1942—1949 年曾在美国北卡罗来纳基地进行训练的 2 万名非裔美籍的海军陆战队员。正是他们做出的卓越贡献才使得时任美国总统的杜鲁门在 1948 年签署了一份行政命令终止了美国军队中存在的种族隔离。这 2 万名海军陆战队员在最近还因卓越的贡献获得了美国的最高公民荣誉——国会金质奖章。"蒙特福特角"号是 MLP 舰的首舰,参加了 2014 环太平洋联合军演(图 2.47 和图 2.48)。

图 2.47 在太平洋地平线 2015 演习期间,"蒙特福特角"并靠系泊在中速滚装船"达尔"号车辆运输舰(T-AKR-312),此时"蒙特福特角"刚完成验证试验和评估

图2.48 在太平洋地平线2015演习期间,滚装船"达尔"号车辆运输舰将车辆转运到"蒙特福特角"号

"约翰·格伦"号是为了纪念前海军陆战队飞行员、优秀的宇航员、国会太空奖章获得者、美国国会议员"约翰·格伦"上校。在海军陆战队服役期间,"约翰·格伦"参加了第二次世界大战中的59次作战任务,在朝鲜战争中执行了90次以上的作战任务(图2.49)。

图2.49 "约翰格伦"号完成海试(2014年1月13日)

"刘易斯·B. 普勒"号是为了纪念前美国海军陆战队"刘易斯·B. 普勒"将军,他是美国海军陆战队历史上唯一一名获得过5枚海军十字勋章的人(图2.50)。

图2.50　建造中的"刘易斯·B. 普勒"号

第三章 阿根廷海军

3.1 "科斯塔苏尔"级两栖运输舰

3.1.1 简介

"科斯塔苏尔"(Costa Sur)级是阿根廷海军的两栖运输舰，能够装卸载登陆艇、作战部队、车辆和物资。"圣布拉斯湾"(Bahía San Blas)号是第一艘以布宜诺斯艾利斯省南部的圣布拉斯湾命名的军舰，舷号B4（图3.1），1978年11月加入阿根廷海军海上运输部服役，该级别的另外2艘是"比格尔"号和"奥尔诺斯"号。

在1991年的沙漠风暴/沙漠盾牌行动中，"圣布拉斯"号部署在波斯湾，为在该地区的阿根廷军舰运送人道主义援助和提供后勤支持。1992年，从丰塞卡湾运回联合国授权联合国中美洲观察团使用的4艘Barradero级巡逻艇。

图3.1 "圣布拉斯湾"号两栖运输舰

2004 年，根据联合国海地维和特派团授权，阿根廷士兵被部署在海地，"圣布拉斯"号负责后勤支援，将物资运送到加勒比海的岛屿。

3.1.2 性能参数

标准排水量：6800 吨
满载排水量：10894 吨
舰长：119.9 米
舰宽：17.5 米
吃水：7.49 米
航速：16.3 节，12 节（经济航速）
编制员额：40 名
动力系统：2 台苏尔寿 6ZL40/48 柴油机，功率 4772 千瓦，双轴推进
装载能力：9856 米^3 物资装载空间（120 个标准集装箱，或 6300 吨物资，冷藏 210 米^3）

3.1.3 同级舰

该级舰共建造 3 艘，目前均在役，见表 3.1。

表 3.1 "科斯塔苏尔"级两栖运输舰情况

序号	舰号	名称	下水	服役	备注
1	B3	比格尔（Canal Beagle）	1977.10.19	1978.04.29	在役
2	B4	圣布拉斯湾（Bahia San Blas）	1978.04.29	1978.11.27	在役
3	B5	奥尔诺斯（Cabo de Hornos）	1978.11.04	1979.06.28	在役

第四章 巴西海军

4.1 "托马斯顿"级船坞登陆舰

4.1.1 简介

"托马斯顿"（Thomaston）级是20世纪50年代为美国海军建造的一级船坞登陆舰，共建造8艘。该级是以美国缅因州托马斯顿镇（亨利·诺克斯将军的故乡）的名字命名。"托马斯顿"级是美国海军第二级船坞登陆舰，设计在20世纪50年代早期获批准，相比第二次世界大战中"卡萨格兰德"（Casa Grande）级船坞登陆舰，尺度是其3倍，航速是其5倍，该级可运输3艘登陆艇，或9艘LCM-8机械化登陆艇，或18艘机械化登陆艇，或大约50辆LVT-5或后来的LVTP-7履带式轻装甲人员车辆。

"艾米达吉"号1989年10月2日从美国海军退役，同一天被转给巴西海军，命名为"塞阿拉"（Ceara）号，舷号G30（图4.1）。2001年1月24日，从美国海军舰船中除籍。

图4.1 "塞阿拉"号船坞登陆舰

"阿拉莫"号1990年11月2日从美国海军退役,同一天,巴西海军贷款购买了该舰,命名为"里约热内卢"号,舷号G31(图4.2)。

坞舱有可移动的分段舱盖覆盖,舱盖可以承受2架中型直升机的重量,有2台50吨的起重机,机舱位于坞舱的下面。和与早期的"卡萨格兰德"级相比,机舱位于坞舱的右舷。

图4.2 "里约热内卢"号船坞登陆舰

4.1.2 性能参数

1. G30舰性能参数

标准排水量:7252吨

满载排水量:11631吨

舰长:155.45米

舰宽:25.6米

吃水:5.8米

航速:22.5节

续航力:13000海里/10节 10000海里/20节 5300海里/22.5节

编制员额:341人(军官29人)

动力系统:2台Babcock & Wilcox锅炉,2台GE涡轮机,双轴

武器装备:3门50倍口径Mk-33双管76毫米舰炮,4挺勃朗宁(Browning)12.7毫米重机枪

舰载机:设置机坪,可起降巴西所有现役直升机

装载能力:海军陆战队408人,2艘LCU登陆艇或18艘LCM-6登陆艇等

电子设备：1 部 SPS–6C 对空搜索雷达，1 部 SPS–10 海面搜索雷达，1 部 CRP–3100 导航雷达等

2. G31 舰性能参数

标准排水量：9042 吨

满载排水量：11710 吨

舰长：160 米

舰宽：26 米

吃水：5.8 米

航速：21 节

搭载人数：300 人

编制员额：304 人

动力系统：2 台蒸汽轮机，功率 17 兆瓦，双轴推进

登陆艇：18 艘 LCM–6 登陆艇

武器设备：4 座双 76 毫米 L50 火炮，6 座双 20 毫米防空炮

直升机：8 架

飞行设施：直升机起降区

4.1.3 同级舰

该级舰共建造 8 艘，该级所有舰在 1983—1990 年退役，其中"阿拉莫"号和"艾米达吉"号在 1989—1990 年出售给了巴西海军，见表 4.1。

表 4.1 "托马斯顿"级船坞登陆舰情况

序号	舷号	名称	美国服役	美国退役	备注
1	G31	里约热内卢（Rio de Janeiro）	1956.08.24	1990.09.28	原美国"阿拉莫"号，1990.11.12 购买服役，2012.06.15 退役
2	G30	塞阿拉（Ceara）	1956.12.14	1989.10.02	原美国"艾米达吉"号，在役

4.2 "圆桌骑士"级后勤登陆舰

4.2.1 简介

"萨皮亚海军上将"（Almirante Saboia）号登陆舰是原英国"圆桌骑士"（Round Table）级后勤登陆舰中的"贝德维尔爵士"（Sir Bedivere）号，舷号 L3004，1966 年 7 月 20 日下水，1967 年 5 月 18 日服役，该舰参加了马岛战争。2008 年 2 月 18 日退役后出售给巴西海军。2009 年 5 月 21 日在巴西海军重新服役，命名为"萨皮亚海

军上将"号，舷号 G25（图 4.3），目前在役。

"加西亚德阿维拉"（Garcia D'Avila）号登陆舰是原英国"圆桌骑士"级后勤登陆舰中的"加拉哈特爵士"（Sir Galahad）号，舷号 L3005，1986 年 12 月 13 日下水，1987 年 11 月 25 日服役，实际上，该舰是"圆桌骑士"级的改进型，在 20 世纪 60 年代建造的"加拉哈特爵士"号在马岛战争中被阿根廷空军击毁沉没，后来又建造了一艘，并仍沿用了原舰名和舷号。2006 年 7 月 20 日退役。巴西海军于 2007 年 4 月 26 日宣布购买此舰，并进行了改装，2007 年 12 月 4 日加入巴西海军服役，命名为"加西亚德阿维拉"号，舷号 G29（图 4.4），目前在役。

该舰 2009 年 4 月 19 日抵达中国青岛港，参加纪念中国人民解放军海军成立 60 周年多国海军活动。

图 4.3 "萨皮亚海军上将"号登陆舰

图 4.4 "加西亚德阿维拉"号登陆舰

该舰参考英国海军"圆桌骑士"级后勤登陆舰。该舰在英国进行了现代化改装，长度增加了 12 米，更换了发动机，其他参数略有不同。

该级舰可运输大量车辆、艇只、物资、弹药和兵员，还拥有车辆、舰艇维修设备。可从舰首部和尾部装卸，车辆可在两个内甲板之间行驶。舰尾部有直升机起降平台，舰上设有 3 部起重机，1 部起重量为 20 吨，另外 2 部为 4.5 吨。

4.2.2 性能参数

G25 舰性能参数：

标准排水量：7400 吨

满载排水量：8861 吨

舰长：140.47 米

舰宽：20.02 米

吃水：4.57 米

航速：18 节

续航力：9200 海里/15 节

编制员额：49 人（军官 17 人）

动力系统：2 台 Mirrlees–Blackstone KMR9 Mk–3 柴油机，双轴

武器装备：2 座 20 毫米厄利康高射炮，2 挺 12.7 毫米重机枪

舰载机：设置机坪

装载能力：陆战队员 340 人，16 辆主战坦克或 34 辆军车，120 吨燃油，30 吨弹药

电子设备：1 部 1007 导航雷达，Racal–Decca CANE 导航系统，Racal Type–670 电子战系统，UAA–1 电子侦听，Graseby Type–182 鱼雷诱饵，4 座 DLE 干扰发射装置等

G29 舰性能参数：

满载排水量：6700 吨

舰长：137 米

舰宽：20 米

吃水：4.0 米

航速：17 节

续航力：8000 海里（15 节）

编制员额：49 人

动力系统：2 台柴油发动机，功率 7010 千瓦，双轴推进，有舰首推进器

装载能力：坦克甲板（12 辆挑战者坦克，31 辆大型车辆，56 辆路虎汽车或 26 只货物集装箱），车辆甲板（19 辆大型车辆，50 辆路虎汽车或 20 只集装箱），402 人

武器装备：4 座 20 毫米厄利康高射炮，4 挺 7.62 毫米机枪

飞行设施：舰尾直升机甲板

4.2.3 同级舰

该级舰共建造 7 艘,在英国已经全部退役。巴西海军购买 2 艘,见表 4.2。

表 4.2 "圆桌骑士"级登陆舰情况

序号	舰号	名称	英国服役	英国退役	备注
1	G25	萨皮亚海军上将 (Almirante Saboia)	1967.05.18	2008.02.18	原英国"贝德维尔爵士"号, 2009.05.21 购买,在役
2	G29	加西亚德阿维拉 (Garcia D'Avila)	1987.11.25	2006.07.20	原英国"加拉哈特爵士"号, 2007.04.26 购买,在役

4.3 "马索托马亚"号坦克登陆舰

4.3.1 简介

"马索托马亚"(Mattoso Maia)号坦克登陆舰是原美国"新港"(Newport)级坦克登陆舰中的"卡尤加"(Cayuga)号,舰号 LST – 1186,1969 年 7 月 12 日下水,1970 年 8 月 8 日服役。1994 年 8 月 26 日退役,该舰参加过越南战争和 1990 年的"沙漠盾牌"和"沙漠风暴"行动。巴西海军 2001 年 1 月 24 日购得此舰,加入巴西海军重新服役,命名为"马索托马亚"号,舰号 G28(图 4.5 和图 4.6),目前在役,是以海军上将乔治·多·帕科·马索托马亚命名的。

结构特点可参见美国"新港"级坦克登陆舰。

图 4.5 "马索托马亚"号坦克登陆舰

图 4.6 "马索托马亚"号坦克登陆舰

4.3.2 性能参数

标准排水量：5273 吨

满载排水量：8757 吨

舰长：195.11 米

舰宽：21.34 米

设计吃水：5.49 米

航速：20 节

编制员额：32 名军官，232 名士兵

动力系统：6 台 16 缸 ALCO 16-251E 柴油机，总功率 11760 千瓦，双轴推进，双可调螺距螺旋桨，舰首推进器（单可调螺距螺旋桨）

登陆艇：4 艘登陆艇

装载能力：23 辆坦克，400 名陆战人员和武器装备，500 吨物资

武器装备：4 座双 76 毫米/50 倍口径火炮，1 座 20 毫米密集阵近程防空系统

直升机：后甲板有直升机起降平台

4.4 "巴伊亚"号船坞登陆舰

4.4.1 简介

"巴伊亚"号船坞登陆舰是法国建造的"闪电"（Foudre）级船坞登陆舰。由法国海军建设局布雷斯特建造厂建造，首舰 1986 年 3 月 26 日开工，1988 年 11 月 19 日下水，1990 年 12 月 7 日服役。主要担负向海滩或不安全区域输送机械化部队、坦克、装甲车和其他车辆，并担负反潜、反舰、防空、编队指挥等多种作战任务，以及作为后勤保障供应舰和海上小型舰船的应急维修船。2015 年 12 月 17 日"热风"

号退役后以 750 万欧元的价格出售给巴西海军，命名为"巴伊亚"（Bahia）号，舷号 G40（图 4.7），进入巴西海军服役。

图 4.7 "巴伊亚"号船坞登陆舰

4.4.2 结构特点

本级舰上设有大的装载区，可用于搭载主战坦克和装甲车辆，有一部载重 52 吨的升降平台、一台额定吊运能力 37 吨、12 米的起重机，一面横向斜坡和一个飞行甲板，一个 1450 米^2 的飞行甲板，最多可容纳 7 架"超级美洲豹"直升机。有三个直升机着舰点，两个在飞行甲板，一个在 400 米^2 的可伸缩船坞盖甲板上。

3 艘此种型号的本级舰搭载武装部队的能力，包括搭载 22 辆 AMX-30 或"勒克莱克"主战坦克、44 辆 AMX10RC 重型武装车、22 辆装甲车辆、41 辆全地形轻装车辆（包括 16 套 MILA 反坦克导弹系统）、54 辆 TRM4000 坦克、15 辆 TRM2000 轻型坦克、5 辆燃料输送卡车、2 辆拖车、6 门 120 毫米迫击炮、67 个拖曳式容器，总质量 3300 吨。

舰体依井型甲板而建，井型甲板占据该舰总长的四分之三，拥有容积达到 13000 米^3 的船坞，可容纳的登陆艇多达 8 艘。只需将舰体进行压载，降低舰高度，打开军舰后门，便可以让登陆艇入海。

航空设施允许运输直升机进行全天候起降工作，这是为搭载突击队而设计的。机舱内可容纳 4 架"超级美洲狮"或 2 架"超黄蜂"直升机。

4.4.3 性能参数

标准排水量：11300 吨
满载排水量：12000 吨
舰长：168 米
舰宽：23.5 米

吃水：5.2 米

航速：21 节

续航力：11000 海里（15 节）

编制员额：20 名军官，80 名士官，60 名舵手

动力系统：2 台 16PC2.5V400 皮尔斯蒂克柴油发动机，功率 15290 千瓦，双轴推进，2 具可调距螺旋桨，1 具侧推器，1 具辅助侧推器，5 台柴油发电机，功率 4250 千瓦

舰载艇：8 艘登陆艇

装载能力：150 人指挥总部，450 名作战人员（短途 900 人）

武器装备：3 座辛巴达地空导弹系统，3 座布莱达毛瑟 30 毫米炮（未安装，但留有安装基座），4 座 M2－HB 型 12.7 毫米勃朗宁机枪

雷达：1 部汤姆逊无线电公司的 DRBV21A "火星" 对空/对海搜索雷达；1 部雷卡－德卡公司的 2459 型对海搜索雷达，2 部雷卡－德卡公司的 RM1229 型导航雷达（1 部用于直升机的控制）

火控系统：萨吉姆公司的 VIGY－05 型光电系统

作战数据系统："锡拉库斯" 型卫星通信指挥系统，OPSMER 指挥支援系统

舰载机：4 架直升机

飞行设施：机库

4.5 "大西洋"号两栖攻击舰

"大西洋"号两栖攻击舰即英国"海洋"号两栖攻击舰，巴西于 2018 年 6 月 29 日购买，并加入海军服役，被命名为"大西洋"号两栖攻击舰，舷号 A140（图 4.8），该型舰结构特点和性能参数均与原英国海军的"海洋"级两栖攻击舰相同，详见第七章。

图 4.8 "大西洋"号（A140）船坞登陆舰

第五章 智利海军

5.1 "萨亨托·阿尔德亚"号船坞登陆舰

5.1.1 简介

"萨亨托·阿尔德亚"（Sargento Aldea）号船坞登陆舰是智利海军购买的法国海军退役的"闪电"（Foudre）级船坞登陆舰中的"闪电"号，舷号L9011。该舰由法国海军订购，由位于布雷思特的法国舰艇建造局海军造船厂建造，1986年3月26日开工，1988年11月19日下水，1990年12月7日服役，2011年从法国海军退役。2011年10月宣布，法国和智利政府就以8000万美元出售"闪电"号给智利海军达成了协议，2011年12月23日，"闪电"号移交给了智利海军，并重新命名为"萨亨托·阿尔德亚"号，舷号LSDH-91，目前在役，是智利海军的最大的两栖战舰（图5.1）。图5.2所示已经悬挂了智利海军军旗。

图5.1 "萨亨托·阿尔德亚"号船坞登陆舰

具体的结构特点参见法国海军的"闪电"(Foudre)级船坞登陆舰。

图 5.2 "萨亨托·阿尔德亚"号船坞登陆舰(智利海军军旗)

5.1.2 性能参数

标准排水量:11300 吨

满载排水量:12000 吨

舰长:168 米

舰宽:23.5 米

吃水:5.2 米

航速:21 节

续航力:11000 海里(15 节)

编制员额:160 人(包括军官 20 人,海军士官 80 人),编队指挥人员 150 人

动力系统:2 台皮尔斯蒂克 16PC2.5V400 柴油机,功率 15290 千瓦,2 具可调距螺旋桨,1 具侧推螺旋桨,1 具辅助侧推螺旋桨(735 千瓦),5 台阿尔萨斯机械制造公司柴油发电机

电力系统:4250 千瓦(5×850 千瓦)

登陆艇:8 艘通用登陆艇,或 1 艘 EDIC/CDIC 级登陆艇加 4 艘典型机械化登陆艇,或 2 艘坦克登陆艇,或 10 艘机械化登陆艇

装载能力:1880 吨物资,400 名作战人员(短期时可载 900 人),150 辆车辆

武器装备:3 座布莱达毛瑟 30 毫米火炮,3 套"辛伯达"(Simbad)舰空导弹发射装置,4 挺 M2-HB12.7 毫米勃朗宁机枪

电子设备:Thales DRBV 21A Mars 对空/海搜索雷达,Thales Defence Type 2459 对海搜索雷达,2 部 Thales Defence RM 1229 直升机导航控制系统,"西尼特"(SENIT)-8 战斗数据系统,1 套 OPSMER 命令支援系统等

直升机：4 架

飞行设施：机库和起降平台

5.2 "巴特拉尔"级运输登陆舰

5.2.1 简介

"巴特拉尔"（Batral）级运输登陆舰是智利海军 20 世纪 80 年代根据法国设计由智利阿斯马尔造船厂自己建造的一级登陆舰。图 5.3 为"兰卡瓜"号登陆舰。

该级舰仅有一层贯通式甲板，坦克舱在舰首部，舱内有一个活动隔板，装载登陆兵和车辆时隔开。主甲板、坦克舱和居住舱均为水密舱结构，舰首门、跳板和斜坡板均有液压系统操作。该级登陆舰在机库内和甲板上可以装载 400 吨物资，能够在港口码头或滩涂装卸载物资，每艘平底登陆艇可以装载和卸载 50 人和轻型车辆。居住条件满足 5 名军官、15 名海军士官和 118 名其他人员生活需要，或者一个连队。直升机甲板可以起降轻型直升机，也可以运输重型直升机。

图 5.3　"兰卡瓜"号登陆舰

5.2.2 性能参数

满载排水量：1409 吨

舰长：79.4 米

舰宽：13 米

吃水：2.5 米

航速：16 节

续航力：2500 海里（12 节）

编制员额：49 人

动力系统：2 台柴油机，功率 2650 千瓦，双轴推进，2 台 130 千瓦的发电机

装载能力：武装人员 180 人，物资 360 吨，或 12 辆车辆

电子设备：1 套台卡－1226 导航雷达等

武器装备：1 座 60 倍口径 40 毫米防空炮，1 座 20 毫米舰炮，2 门 81 毫米迫击炮，2 挺 12.7 毫米机枪

舰载机：设有直升机甲板，可起降中型直升机

5.2.3 同级舰

该级舰有 3 艘，其中 1 艘退役，2 艘在役，见表 5.1。

表 5.1 "巴特拉尔"级登陆舰情况

序号	舷号	名称	下水	服役	备注
1	LST－92	兰卡瓜（Rancagua）	1981.08.26	1983.08.08	在役
2	LST－95	查可布考（Chacabuco）	1984.04.06	1985.08.16	在役
3	LST－91	迈波（Maipo）		1981	1998 年退役后转民用

5.3 "瓦尔迪维亚"号坦克登陆舰

5.3.1 简介

"瓦尔迪维亚"（Valdivia）号坦克登陆舰是智利海军购买的美国海军退役的"新港"（Newport）级坦克登陆舰"圣贝纳迪诺"（San Bernardino）号（舷号 LST－1189）。该舰 1970 年 3 月 28 日下水，1971 年 3 月 27 日服役，1995 年 9 月 30 日退役。该舰服役较长，但是经过现代化改装，而且在舰型上的创新，优良的登陆装置，代表了坦克登陆舰的较高技术水平。智利海军于 1995 年 9 月 30 购得，1995 年 12 月 1 日到达智利瓦尔帕莱索港，加入智利海军重新服役，命名为"瓦尔迪维亚"号，舷号 LST－93。在智利海军服役 16 年后，于 2011 年 1 月 14 日退役。

5.3.2 性能参数

标准排水量：5190 吨

满载排水量：8775 吨

舰长：174 米

舰宽：21.2 米

吃水：6.1 米

航速：20.5 节

编制员额：255 人（军官 12 人）

动力系统：6 台 ALCO 16-251 柴油机，功率 12000 千瓦，双轴推进

武器装备：1 座 Mk-15 型 20 毫米密集阵近防系统，10 挺勃朗宁 M2 型 12.7 毫米机枪

舰载机：3 架多用途直升机

登陆艇艇：3 艘车辆人员登陆艇，1 艘大型人员登陆艇

装载能力：海军陆战队 400 人，17 辆卡车和 30 辆主战坦克

电子设备：1 部雷声 SPS-10F 海面搜索雷达，1 部马可尼 LN66 导航雷达，Mk 36-1 型 6 管干扰火箭发射装置等

第六章 墨西哥海军

6.1 "帕帕洛阿潘河"号坦克登陆舰

6.1.1 简介

"帕帕洛阿潘河"（Papaloapan）号坦克登陆舰是墨西哥海军从美国购买的两艘退役的"新港"级坦克登陆舰之一。

"帕帕洛阿潘河"号是原美国"新港"号登陆舰（舷号LST-1179），该舰1966年11月1日铺设龙骨，1968年3月3日下水，1969年6月7日服役，是"新港"级的首舰。该舰1992年9月30日退役，在封存了几年后，2001年出售给了墨西哥海军。在墨西哥塔毛利帕斯州坦皮科的墨西哥海军第一造船厂重新命名为"帕帕洛阿潘河"号，舷号A411，加入墨西哥海军服役（图6.1）。

图6.1 "帕帕洛阿潘河"号坦克登陆舰
（2005年9月9日，"乌苏马辛塔河"到达密西西比，参与"卡特里娜"飓风救援）

在 2005 年末，"帕帕洛阿潘河"号应美国海军的要求再次回到美国，把救援物资运送给密西西比州的"卡特里娜"飓风的受灾人员。2010 年 1 月，它运载了 5000 吨物资到海地执行人道主义任务。2012 年 11 月，它将大量物资送往古巴，帮助"桑迪"飓风的受灾人员。

"乌苏马辛塔河"（Usumacinta）号是原美国"新港"级"弗雷德里克"（Frederick）号登陆舰（舷号 LST-1184），该舰 1968 年 4 月 13 日在圣迭戈铺设龙骨，1969 年 3 月 8 日下水，1970 年 4 月 11 日服役，它是该级最后服役的一艘。"弗雷德里克"号登陆舰参加了"沙漠盾牌"行动和"沙漠风暴"行动，作为 13 艘两栖战舰之一，1990 年 12 月 1 日启程去波斯湾。它同样也参加了海湾战争。该舰 2002 年 10 月 5 日退役，然后出售给了墨西哥海军，重新命名为"乌苏马辛塔河"号，舷号 A412，加入墨西哥海军服役（图 6.2）。

2012 年夏季，"乌苏马辛塔河"号和搭载的一架米-17 直升机、海军陆战队员在夏威夷群岛海岸参加了环太平洋联合军演（2012），参加演习的还有来自日本、荷兰、美国、澳大利亚、韩国等国家的战舰和人员。

图 6.2 "乌苏马辛塔河"号坦克登陆舰

6.1.2 性能参数

标准排水量：5190 吨

满载排水量：8933 吨

舰长：159.1 米

舰宽：21.3 米

吃水：5.8 米

航速：20 节

编制员额：224 人（军官 14 人）

动力系统：6 台 ALCO 251C 柴油机，功率 11800 千瓦，双轴推进，有舰首推进器

武器装备：1 座 Mk–15 型 20 毫米密集阵近防系统，4 挺 12.7 毫米机枪

登陆艇：3 艘车辆人员登陆艇，1 艘大型人员登陆艇

装载能力：1607 米^2 车辆甲板，1814 吨物资装载（抢滩作战时 453.6 吨），海军陆战队 400 人

电子设备：1 部雷声 SPS–10F 海面搜索雷达，1 部马可尼 LN66 导航雷达，Mk 36–1 型 6 管干扰火箭发射装置等

飞行设施：直升机平台（可起降 2 架直升机）

6.1.3 同级舰

该级舰从美国购买 2 艘，均在役，见表 6.1。

表 6.1 "帕帕洛阿潘河"级坦克登陆舰情况

序号	舷号	名称	美国服役	美国退役	备注
1	A411	帕帕洛阿潘河（Papaloapan）	1969.06.07	1992.09.30	2001.05.23 从美国购得，在役
2	A412	乌苏马辛塔河（Usumacinta）	1970.04.11	2002.10.05	2002.11.22 从美国购得，在役

第七章　英国海军

7.1 "海神之子"级船坞登陆舰

7.1.1 简介

"海神之子"（Albion）级船坞登陆舰（也称为两栖攻击舰）是为英国海军建造的一级船坞登陆舰。该级舰包括2艘，分别是"海神之子"号和"堡垒"号，是为代替"无恐"级于1996年订购的。2艘舰均由维克斯造船工程有限公司巴洛造船厂，即现在的英国宇航公司海洋系统公司负责建造，首舰"海神之子"号于2001年3月9日下水，2003年6月服役，它的母港是英格兰南海岸德文波特的海军基地（图7.1）。"堡垒"号于2004年服役（图7.2）。该级舰有325名成员，但有多达405名士兵的居住设施。在坦克舱里能够运载31辆大型卡车和36辆小型车辆，车辆甲板能够装载主战坦克。为了部队和车辆的登陆，登陆舰还装备有8艘登陆艇。

图7.1　"海神之子"号船坞登陆舰运送荷兰海军陆战队

图7.2 "堡垒"号船坞登陆舰

2艘"无恐"(Fearless)级船坞登陆舰(见7.4节)在福克兰群岛战争中起到了很重要的作用,可运送部队和车辆到南大西洋。舰队的指挥官在圣卡洛斯登上了英国海军"无恐"号,一登上就到了搭载直升机和"鹞"式战斗机的飞行甲板。"无恐"级登陆舰是在20世纪60年代建造的,1996年7月18日英国国防部出资4.5亿英镑与维克斯造船工程有限公司巴洛造船厂签订了建造"无恐"级替代舰的合同。

该级舰的作用是"起到在海上作为一个英国海军两栖作战部队和登陆部队的指挥平台"和"承担作为两栖作战力量一部分的部队及其装备和车辆的部队运输、派出及撤回"。它们比"无恐"级有更好的性能,可作为英国两栖舰队的一部分,其他还包括英国海军能携带直升机的"海洋"(Ocean)级两栖攻击舰、英国舰队辅助舰队的"湾"(Bay)级登陆舰和"普安"(Point)级补给舰(滚装船)。

出于削减英国海军运营成本的需要,2010年战略防御与安全策略是其中一艘"海神之子"级船坞登陆舰应列入超出预算或停靠码头战备休整,另一艘军舰置于高度战备状态。这些军舰在服役期限内会在战备休整和高度战备中交替进行。"海神之子"号将是两艘军舰中第一艘被列入战备休整的,成本是250万英镑,因为"堡垒"号当时进行了一次大型的整修。在战备休整中,为了保证军舰在短时间内能够重新启动,估计运营成本每年为30万英镑。当英国海军舰艇"堡垒"号在2016年前后进入战备休整时,英国海军舰艇"海神之子"号再度进入高度战备状态。一艘"海神之子"级军舰在2007—2011年高度战备状态下的运营成本是每年1770万~3860万英镑。

7.1.2　结构特点

"海神之子"级船坞登陆舰长度 176 米、宽度 28.9 米，吃水 7.1 米。该级舰的正常排水量 14000 吨，满载排水量 19560 吨，坞舱进水时排水量 21000 吨。该舰有 325 名乘员，居住条件满足 405 名部队人员需求，包括车辆和战斗物资。动力是由 2 台瓦锡兰 Vasa 16V 32E 柴油发动机、2 台瓦锡兰 Vasa 4V 32E 柴油发动机驱动 2 台电动机，双轴推进，有舰首推进器。这是第一套在英国海军水面舰艇应用的柴电动力推进系统。与"无畏"级相比，它减少了约 66% 的轮机舱乘员。柴电推进系统能够驱动军舰的最大航速达到 18 节，续航力达到 8000 英里。

舰尾有两个可供停放英国空军的"支奴干"直升机的飞行甲板，飞行甲板下面是坞舱和车辆舱。车辆舱可以存放 31 辆大型卡车和 36 辆小型卡车或 6 辆"挑战者"Ⅱ坦克和 30 辆装甲运兵车。坞舱能够容纳 4 艘 Mk10 型多功能登陆艇，每艘的空间足够大，能够携带主战坦克，这些登陆艇都被放置在坞舱甲板上。4 艘能够携带 35 人或 2 辆轻型卡车的小型 Mk5 车辆人员登陆艇被放置在该舰上层甲板两侧的吊艇柱上。每艘舰还携带了一台 52 吨用于救援登陆艇的沙滩救援牵引装置；此外还有两台机器，一台用于在沙滩上铺设道路，另一台装有用于铺平道路的挖斗和铲叉。

为了防御导弹攻击，"海神之子"级船坞登陆舰有 2 座安装在船头和船尾的守门员近防武器系统以及 2 门 30 毫米舰炮。防卫措施包括目标诱饵、8 座"海蚊"雷达红外干扰发射装置和 1 座 BAE 系统的 DLH 场外诱饵。现役舰中都装有 2 座 Kelvin Hughes 型 1007/8 I 波段导航和飞机导引雷达。为了对地和对空搜索，还安装有 1 座 Selex 和机载系统 996 E/F 波段雷达。从 2013 年起，RT997 型逐渐被 BAE 系统公司的 MSA 3D E/F 波段雷达替代。英国海军"铁公爵"号是装有该级别雷达第一艘舰，2015 年将装配到"海神之子"号和"堡垒"号上。还会装配 ADAWS 2000 战斗数据系统和 1 座 UAT/1 – 4 型 ESM 系统。

7.1.3　性能参数

标准排水量：14834 吨

满载排水量：19560 吨

舰长：176 米

舰宽：28.9 米

吃水：7.1 米

航速：18 节

续航力：7000 海里

编制员额：325 人

动力系统：2 台瓦锡兰集团 Vasa 16V32E 柴油发动机，2 台瓦锡兰集团 Vasa 4V

32E 柴油发动机，2 台电动机，有舰艏推进器

工作艇和登陆艇：4 艘 Mk10 型通用登陆艇，4 艘 Mk5 型车辆人员登陆艇

装载能力：67 辆车辆，405 名海军士兵（超载时 710 名）

电子设备：2 台 1007/8 型 I 波段雷达，1 台 996 型 E/F 波段雷达，1 台 Artisan 3D E/F 波段雷达（2011 年起）

武器装备：2 座守门员近防武器系统，2 门 30 毫米火炮，4 挺通用机枪

飞行设施：2 个直升机平台（能够起降"支奴干"直升机）

7.1.4 同级舰

该级舰共建造 2 艘，见表 7.1。在 2010 年 12 月，英国海军宣布"海神之子"号将代替"皇家方舟"号成为英国海军的旗舰。"海神之子"号携带快速反应部队前往利比亚的锡德拉湾参加由北约领导的军事行动，之后在 2011 年 6 月前往印度洋的非洲角为打击海盗提供帮助。在 2011 年它开始进入休整。

"堡垒"号的第一次任务是 2006 年 7 月的地中海 Highbrow 行动。该船前往贝鲁特撤离了 1300 名英国公民。在 2010 年 5 月，它进入德文波特的海军基地船坞开始了一次花费 3000 万英镑的整修。2011 年 10 月，"堡垒"号完成了这次 8 个月的整修，变成了舰队的旗舰。这次整修提高了它的机械装置和弹药系统，为登陆艇和飞机配备了全夜视作战能力，同时也能够在飞行甲板上起降 2 架"支奴干"直升机。

2003 年，"海神之子"号被授予"自由切斯特"之名，也是英国军队阅兵仪式上普利茅斯湾海军的著名角色；第三舰队颜色已经载入海军史册。2004 年初，这个战舰第一次参与了多国联合军演，即挪威 2004 冬季联合军演，演习中，它完成了寒冷天气下的海洋试验，并圆满完成军事行动。随后参与了美国东海岸的极光军事演习。2004 年 11 月 11 日，它开往科特迪瓦支持菲利斯行动。2006 年初，"海神之子"号重新整修，安装了新的指挥、控制和通信系统。

"海神之子"号在 2006 年 8 月 26 日至 28 日参加了在德文波特海军基地的海军节，同时参加的还有其姊妹舰，刚从黎巴嫩撤回国内的"堡垒"号。"海洋"号不能参加，是由于它的 3 名舰员感染了肺结核病，它开往了朴茨茅斯海军基地。

在前往西非的维拉部署中，"海神之子"号被当作两栖攻击舰特遣部队的旗舰。这次部署从 2006 年 9 月 11 日持续到 11 月 22 日。大约有 3000 名英国舰员和 11 艘海军及舰队的辅船参加。在这次部署行动中，"海神之子"级第一次同野战炮兵及"湾"级船坞登陆舰参加了两栖行动。2007 年 7 月下旬和 8 月上旬"海神之子"号在城市航空表演期间停靠在森德兰市港口。

2008 年末，"海神之子"号进行了第一次大修，提升了各种的电子防御系统。这次入坞期间，指挥官船长韦恩·基布尔被调任"堡垒"号任指挥官。2010 年 4 月，外出执行任务因埃亚菲亚德拉冰盖火山的爆发而中断，随后"海神之子"号开

往了西班牙的桑坦德，作为坎宁安行动的一部分，带回了来福战斗群三营的士兵，以及英国空军人员和处于困境的英国公民。

2010年底，尽管"海洋之子"仅仅服役了7年，它的未来仍不明确，这是因为根据2010年发布的《战略防御和安全评估》"海洋之子"或"堡垒"号将进入战备休整。

2010年12月，英国海军宣布"海神之子"号作为海军的旗舰和联合王国快速反应部队的旗舰，接替早期服役的航空母舰"皇家方舟"号，原计划是2011年3月，也是2010年国防策略的结果。

2011年3月，"海神之子"号同3个突击旅司令部、联合直升机司令部、荷兰海军陆战队和英国海军陆战队的539空袭突击队参加了"绿色鳄鱼"演习。它是运送英国海军快速反应特遣部队的主要舰船。2011年5月，特勤部队参加了"塞浦路斯狮"演习。

2011年6月，该舰同快速反应部队一起部署在利比亚外的锡德拉湾，为北约指挥的行动提供援助。接着开往了印度洋，6月15日，通过了苏伊士运河，参与了在非洲角的反海盗行动。2011年秋季，当"堡垒"号完成了大修后，进入了"战备休整"状态（加入了相当于联合王国的后备部队）。

2011年9月20日，"海神之子"号在利物浦码头停靠6天，以庆祝它的10周年纪念日，9月24日至25日对公众开放。这是它第二次访问利物浦，上一次是在2011年3月。

2006年1月"堡垒"号离开英国到苏伊士东部开始了为期6个月的第一次航行。它在非洲角执行反恐和反海盗任务。接着"堡垒"号开往波斯湾北部变成了为保护伊拉克石油钻井平台158特遣队的旗舰。

2006年夏初，"堡垒"号开往了西班牙附近。2006年7月15日，由于以色列黎巴嫩冲突，它奉命前往黎巴嫩撤离冲突地区的英国公民。7月20日，它搭载了大约1300人从贝鲁特撤离，是最大的一次英国公民撤离行动。

2008年10月，"堡垒"号前往克莱德河岸的费斯，同"皇家方舟"号和法国军舰"托纳尔"号一同参加2008"联合勇士"演习。

2009年2月18日，"堡垒"号作为联合王国两栖特遣部队指挥官准将彼得哈德逊的旗舰，参加2009年"金牛座部署"行动，特遣编队还包括直升机母舰"海洋"号、23型护卫舰"阿盖尔"号和"萨默赛特"号以及4艘辅船。

2010年春季，"堡垒"号在德文波特海军基地8号船坞开始了为期6个月的整修。

2011年3月，"堡垒"号重新加入了舰队，并在2011年10月代替"海神之子"号作为舰队的旗舰。2011年3月16日开始了为期6天的伦敦之行。

"堡垒"号在2011年6月末准备的海上军事训练中担任英国海军的旗舰。后来"堡垒"号开始准备担任海军最近成立的快速反应特遣部队的前导舰。10月它参加了在埃里博尔湖的"联合勇士"演习,这是在英国举行的最大的军事演习,法国海军陆战队和其他的北约部队也参与其中。

2012年2月15日,"堡垒"号在德国的基尔开始无限期的停留,易北河的结冰使它原计划开往汉堡被迫推迟。该舰要到波罗的海准备参加北约2012年3月在挪威北部组织的"冷反应"演习。

2012年2月末,"堡垒"号访问了波兰的格丁尼亚港,同2艘波兰的护卫舰"塔德乌什·科斯丘斯科"(Tadeusz Kosciuszko)号和"卡齐米日·普瓦斯基"(Kazimierz Pułaski)号进行了演习。它还接待了该市约4000人的参观。

该舰还同几艘英国海军舰艇和国外的舰艇在苏格兰海域参加了"联合勇士"演习。它同特遣部队的指挥官和舰员还成为"美洲狮"13特遣部队的一部分。北约海军打击和支持力量的指挥官访问了"堡垒"号。

"堡垒"号在2016年进入到战备休整阶段,它与"海神之子"号转换了角色。

表7.1 "海神之子"级船坞登陆舰情况

序号	舷号	名称	下水	服役	备注
1	L14	海神之子(Albion)	2001.03.09	2003.06.19	在役
2	L15	堡垒(Bulwark)	2001.11.15	2004.12.10	在役

7.2 "海洋"号两栖攻击舰

7.2.1 简介

"海洋"(Ocean)号是一艘两栖攻击舰(或直升机两栖攻击舰),是该级别唯一的一艘。"海洋"号设计是用来支持两栖登陆及运送两栖部队和登陆部队的指挥部人员。"海洋"号在20世纪90年代中期开始由维克斯造船工程有限公司在巴罗船厂建造。"海洋"号在1998年9月服役,母港在普利茅茨的德文波特海军基地。

1992年2月,开始了直升机两栖舰的招标工作。1993年2月,《时报》报道了该舰由于预算的限制面临着取消。但是几乎与此同时,英国军方参加在巴尔干半岛举行的军事行动时,看到了舰队辅船训练舰"百眼巨人"号作为一艘直升机登陆舰参加行动而留下了深刻印象。"百眼巨人"号完全证明了它并不适合运送军事人员和装备登陆,很明显需要一个登陆平台。1993年3月29日,国防部采购大臣宣布英国海军的两栖突击直升机母舰计划将重启。有两家船厂参与竞标,分别是维克斯造船及工程公司(VSEL)以及斯旺亨特造船厂。1993年5月11日,英国海军正式宣布由维克斯造船及工程公司中标,报价为1.1395亿英磅,比对手斯旺亨特造船厂的

2.106 亿英磅少了 7100 万英磅。这次建造将遵循商业标准，与之相比的是 23 型护卫舰，减少预算使其能够达到 1.54 亿英镑的预算。军舰制造商 VSEL 将该合同部分转包给了在格拉斯哥戈万的凯维恩船厂。

"海洋"号于 1994 年 5 月 30 日在船厂铺放第一块龙骨，1995 年 10 月 11 日下水，1996 年 11 月以自身动力航行到维克斯造船及工程公司巴罗因弗内斯船厂进行舾装工作，1998 年 2 月 20 日由英国女王伊丽莎白二世主持命名仪式，舷号 L12（图 7.3），1998 年 9 月 30 日加入英国海军服役。"海洋"号的服役，让海军时隔 22 年之后（"竞技神"号在 1976 年改为反潜航空母舰）再度拥有专用两栖突击的直升机母舰。

该舰于 2018 年 3 月 27 日退役，巴西以 8430 万英镑的价格购置该舰，2018 年 6 月 29 日加入巴西海军服役，被命名为"大西洋"（Atlantic）号，舷号 A140。

图 7.3　英国海军舰艇"海洋"号在伊拉米行动和 2011 军事介入利比亚的行动中

7.2.2　结构特点

"海洋"号本身的设计是衍生自"无敌"（Invincible）级航空母舰，但由于任务需求的不同，"无敌"级上的部分设计并没有用在"海洋"号上，如没有滑跃甲板，舰岛较小，舷宽也略有不同。由于大量采用民规建造，除了舰首、舰尾与低甲板部位采用两栖舰艇的设计外，其余舰体部位的纵向格框设计都依照劳氏商船规范；舰体大量使用商规钢板制造，此种钢板具有良好的低温延展性，施工成本较低；而水线以上部位多采用平面造型，能加快施工组装进度，同时有助于减少雷达截面积，舰内划分为 5 个消防区与 3 个核生化防护区。

由于"海洋"号航速需求较慢，因此主机从原"无敌"级的燃气涡轮改成 2 具克罗斯利－皮尔斯蒂克（Crossley－Pielstick）16PC2.6 V200 柴油机，最大持续航速遂降至18节，但燃油消耗的经济性增加不少，巡航速率为15节。由于新主机的排气量比"无敌"级的燃气涡轮机组大幅减少，因此"海洋"号只需要一座烟囱。"海洋"号的舰岛造型也经过修改与简化，向右平移与右侧船舷融合（"无敌"级则留有一条走道），航空管制塔向飞行甲板方向延伸，使其对飞行甲板有更好的视野。

自卫武器方面"海洋"号和"无敌"级的武装差不多，都设有3座Mk-15密集阵近程防御武器系统和4门双30高平机炮。为了节省成本，"海洋"号只有997型三维对空搜索雷达，没有"无敌"级上的1022型三维搜索雷达，但足够为近程武器系统提供目标，能够向友军发出警告，而"海洋"号也有北约海蚋干扰丝发射器，可以用软杀手段对付来犯导弹。"海洋"号的作战中枢为BAE系统开发的ADAWS-2000战斗系统，整合有Link-11/14数据链，日后改良时又追加Link-16数据链；21世纪初服役的2艘"海神之子"级船坞登陆舰，也使用ADAWS-2000战斗系统。此外，舰上还有SATCOM 1D卫星通信系统。等到EH-101直升机服役后，"海洋"号也加装配套的通信数据链。

搭载6架Mk7"山猫"攻击直升机，由英国海军航空队操作。除了上述直升机外，"海王"空中早期预警直升机、陆军的AH-64武装直升机，甚至"鹞"式战斗机，在需要时也可以上舰，但"海洋"号无法为"鹞"式战斗机提供维修或挂载武器。基于飞行作业的需要，"海洋"号拥有长达170米、宽36.2米的飞行甲板（滑道长130米），较"无敌"级的稍大，并设有两座长为16.75米、宽6.2米的升降机。由于没有滑跃甲板，空间增多，飞行甲板足以同时供6架直升机起降。"海洋"号服役时，其下甲板机库容积为英国海军舰艇之最，长111.3米、宽21米、高6.2米，能容纳12架"海王"直升机；6架"山猫"直升机停放在全通甲板规划的停机坪上。

舱内还设计有生活区，供船员和部队居住，合共可容纳285名船员、180名空勤人员和830名海军陆战队员。除了人员外，"海洋"号也可载搭40辆轻型车辆，由直升机吊运上岸，供登陆部队使用。"海洋"号虽没有舰内船坞，但仍配置4艘Mk-5型人员车辆登陆艇（设置于左、右舷的大型开口结构，左、右舷各2艘，由起重机收放）；舰岛后方设有一个大型起重机，能在转乘作业时将物资装备吊入登陆艇内。与船坞登陆舰或两栖运输舰不同，"海洋"号并没有空间载搭任何额外的补给品，要得到其他单位如两栖运输舰、补给舰、友军地面部队的支援。

7.2.3 性能参数

标准排水量：16860吨

满载排水量：21500吨

舰长：203.4米

舰宽：35米

吃水：6.5米

最高航速：18 节

续航力：8000 英里（15 节）

编制员额：285 名船员，180 名空勤人员

动力系统：2 台克罗斯利－皮尔斯蒂克 16PC2.6 V200 柴油机，功率 35138 千瓦，1 具卡梅瓦舰首辅助推进器，双轴推进，5 叶螺旋桨

电子战系统：1 套 997 型 3D 搜索雷达，2 台 1007 型导航雷，1 台 1008 型导航雷，UAT 电子支援系统

作战系统：ADAWS－2000 舰载战斗系统

武器装备：3 套密集阵近程防御武器系统（舰首 1 套，舰尾 2 套），4 座 30 毫米 DS30M－MK2 防空机炮（每舷侧 2 座），4 挺速射机枪，8 挺通用机枪

装载能力：海军陆战队 480 人（短期可搭载 800 名），40 辆车辆

登陆艇：4 艘 Mk－5 型人员车辆登陆艇

航空装备：12 架 Mk－4 突击"海王"或 EM－101"梅林"运输直升机，6 架 Mk－7"山猫"攻击直升机；可起降 GR.5/GR.7"鹞"战斗机（无法提供维修），FA－2"海猎鹰"战斗机（无法提供维修或挂弹）；可配备 HM MK.1"梅林"反潜直升机，AEW.2"海王"空中早期预警直升机，"羚羊"搜救直升机，WAH－64D 武装直升机

飞行设施：飞行甲板，飞行机库，直升机升降机

7.2.4　改装

"海洋"号为期 15 个月的改装工作从 2012 年 12 月开始，不仅包括对整个飞行甲板、机库、航空设备实施翻新，通信及武器系统也被替换或更新。在干船坞中，"海洋"号的表层被涂上了一层抗污涂料，舰上的发动机、螺旋桨轴、舵、稳定器都要进行彻底的检修。

"海洋"号的指挥及通信系统完备、舱内空间较大。《普利茅斯先驱报》报道，"海洋"号的甲板上设计有 6 个直升机起降点，甲板下的机库中至少可容纳 12 架直升机。部署在"海洋"号上的海军陆战队可搭乘中型、重型直升机，实施垂直起降登陆作战。英国海军不仅为"海洋"号配备了运输直升机，还将武装直升机搬到了舰上，用于执行对地、对海攻击任务。

配备"无敌"级轻型航空母舰的"鹞"式舰载机退役后，英国海军彻底丧失了舰载机攻击火力。装备 F－35B 隐身舰载机的"伊丽莎白女王"级航空母舰服役之前，英国海军只能依靠"海洋"号上的直升机来提供登陆支援火力。早在 2011 年，来自英国陆军航空兵的"阿帕奇"武装直升机就从"海洋"号上起飞，完成了"地狱火"导弹对海上目标的试射。"阿帕奇"不仅发射了导弹，还试射了 30 毫米口径机关炮。

7.3 "湾"级船坞登陆舰

7.3.1 简介

"湾"(Bay)级船坞登陆舰是2000年为英国海军辅船舰队建造的船坞登陆舰,共建造4艘。它们是由荷兰-西班牙斯海尔德船厂设计的,目的是取代"圆桌骑士"级后勤支援舰。斯旺亨特船厂和英国宇航公司系统公司各建造2艘登陆舰。2002年开始建造,但遭遇了延期和成本超标,尤其是斯旺亨特船厂。2006年中期,斯旺亨特船厂取消了订单,尚未完成的第二艘船被拖到了英国宇航公司造船厂继续建造。"拉各斯湾"(Largs Bay)号(图7.4)、"莱姆湾"(Lyme Bay)号(图7.5)、"芒特湾"(Mounts Bay)号(图7.6)和"卡迪根湾"(Cardigan Bay)号(图7.7)4艘登陆舰,都在2007年之前开始服役。

服役后,"湾"级登陆舰用作两栖行动,在波斯湾训练伊拉克海军、加勒比海缉毒行动和2010年海地地震救援行动发挥了作用。2010年作为《战略防御与安全评估》的部分内容,"拉各斯湾"号退役。2011年,它被出售给澳大利亚海军,命名为"乔勒斯"(Choules)号。

设计"湾"级是为了取代"圆桌骑士"级后勤支援舰,"湾"级计划始于20世纪90年代,原本意图是为了实现3艘"圆桌骑士"级后勤支援舰解决现代化并延迟其服役时间,解决腐蚀并执行新的安全标准。两年后第一艘"圆桌骑士"级重新服役,其花费极大,国防部开始计划购置新船。

图7.4 2009年"拉各斯湾"号船坞登陆舰在波特兰港

图 7.5 2007 年 8 月 "莱姆湾" 号停泊在波特兰港

图 7.6 2010 年 2 月 22 日 "芒特湾" 号在 "CR2010" 两栖攻击演习中

图 7.7 2012 年 8 月 "卡迪根湾" 在中东

2000年4月，国防部开始为2艘船招标，预算为1.5亿英镑，有可能是3艘。阿普利多造船厂、BAE系统公司和斯旺-亨特船厂进行了投标，只有斯旺-亨特符合所有的招标要求，价格是1.48亿英镑。但戈万船厂的亏空使其担心10多年内无法交付45型驱逐舰和"伊丽莎白女王"级航空母舰，因此财政部同意追加资金，在戈万船厂额外建造2艘船坞登陆舰。

7.3.2　结构特点

"湾"级曾被认为是一级客船，其设计类似渡船，基于荷兰和西班牙联合设计的"鹿特丹"级和"加西亚"级两栖战舰，其中最大的不同是英国军舰没有直升机库。该级舰最初的设计是后勤登陆舰（ALSL），但是在2002年该级舰改为"船坞登陆舰"（LSD），以更好地适合该舰的作用，并且斯海尔德船厂建造的舰船符合北约的规定。

"湾"级舰动力由2台输出功率达4.5兆瓦的瓦锡兰8L26发动机和2台输出功率达6.7兆瓦的瓦锡兰12V26发动机提供，驱动两个全回转推进器，一个船首推进器作辅助。最高航速为18节，并且在15节时，续航力能够达到8000海里。武器装备系统包括2套密集阵近程武器防御系统、2台30毫米DS30B火炮以及各种小型武器。

在英国服役时，每日常有60~70名海军船员。执行任务时，英国海、陆、空三军补充这些人员。例如，在2010年海地地震中，"拉各斯湾"号的核心船员是70名，40名后勤军团负责开车和装载货物，其他17名是海军和陆战队员负责安全和相关任务。澳大利亚管理"乔勒斯号"（Choules）时，固定船员是158名，包括海军部22名队员。

作为登陆舰船，每艘"湾"级舰船能够在其较长的车道空间内装载24辆"挑战者"2坦克或150辆轻型卡车，右尾为车辆进入甲板的斜跳板和侧跳板。货物装载能力为200吨武器装备弹药，或24个20英尺的标准集装箱。正常情况下，一艘"湾"级登陆舰能够运载356名士兵，超载情况下可达700人。飞行甲板能够起降"支奴干"大小的直升机；此外，还有"墨林"直升机和"鱼鹰"倾转旋翼飞机。尽管暂时性的机库可以搭载"墨林"直升机或更小的飞机，但是"湾"级舰没有可供直升机长期搭载的机库。坞舱可装载一艘Mark10通用登陆艇或者2艘车辆人员登陆艇，并且两个橡皮艇挂在舰的两侧。2台30吨的起重机安装在舰岛和飞行甲板之间。内部通道的宽度足以让两个装备齐全的海军陆战队员通过。

7.3.3　性能参数

满载排水量：16160吨

舰长：176.6米

舰宽：26.4米

吃水：5.8米

航速：18节

续航力：8000 海里（15 节）

动力系统：2 台瓦锡兰 8L26 发动机，功率 4.5 兆瓦，2 台瓦锡兰 12V26 发动机，功率 6.7 兆瓦，2 具全向推进器，1 具舰首推进器

登陆艇：1 艘通用登陆艇或 2 艘车辆人员登陆艇在船台甲板，2 台 Mexeflote 动力橡皮艇

装载能力：可装载多达 24 辆"挑战者"Ⅱ坦克或 150 辆轻型卡车，200 吨的弹药或 24 个标准集装箱，标准下 356 人，超载下 700 人

武器装备：2 挺或 4 挺 7.62 毫米 Mk44 迷你机枪，6 挺 7.62 毫米 L7 通用机枪，1 座密集阵短距武器系统，1 座 30 毫米 DS30B 加农炮，单兵装备（各舰不同）

直升机：不携带

飞行设施：飞行甲板（能够起降"支奴干"尺寸的直升机）

7.3.4 同级舰

该级舰共建造 4 艘，其中 1 艘退役后出售给了澳大利亚海军，命名为"乔勒斯"号，在澳大利亚海军服役，其余 3 艘仍在英国海军辅助船队服役，见表 7.2。

表 7.2 "湾"级船坞登陆舰情况

序号	舷号	名称	下水	服役	备注
1	L3006	拉各斯湾（Largs Bay）	2003.07.18	2006.11.28	2011.04.06 退役后出售给澳大利亚海军服役，命名为"乔勒斯"号，舷号 L100
2	L3007	莱姆湾（Lyme Bay）	2005.09.03	2007.11.26	在役
3	L3008	芒特湾（Mounts Bay）	2004.04.09	2006.7.13	在役
4	L3009	卡迪根湾（Cardigan Bay）	2005.04.08	2006.12.18	在役

7.4 "无恐"级船坞登陆舰

7.4.1 简介

"无恐"（Fearless）级船坞登陆舰是英国海军第一艘专门建造的两栖战舰。该型战舰建造"无恐"号（图 7.8）和"无畏"（Intrepid）号（图 7.9）2 艘。

船坞登陆舰的设计是为了利用登陆艇或直升机运输部队和登陆。建造时，登陆舰有内部坞舱，而在港内可通过船尾装载，车辆可通过舰尾门进入内部车辆甲板。在海上，登陆舰的尾部能够潜入水中，坞舱进水，让登陆艇直接驶入到车辆甲板的边缘。

"无恐"级的坞舱设在舰尾,长52米、宽14.6米,设有坞门,当向坞舱注水后,可打开坞门收放登陆艇。舰中部设有坦克车辆舱。

每艘登陆舰内可搭载4艘通用登陆艇,上层结构的吊艇架上有4艘轻型登陆艇。可以提供400人住宿,如果不搭载车辆,可以增加到700人。

图7.8　1996年5月9日"无恐"号离开北卡罗来纳

图7.9　法国"暴风"(Ouragan)号和"无畏"号(远处)

7.4.2　性能参数

标准排水量:11240吨

满载排水量:12310吨

船坞舱压载时排水量:17220吨

舰长:158.5米

吃水线长：152.4 米

舰宽：24.4 米

吃水：6.25 米

航速：21 节

续航力：5000 海里（20 节）

动力系统：2 台英国电气公司产的电联动蒸汽轮机（2 台锅炉），功率 16000 千瓦，双轴推进

救生艇和登陆艇：4 艘 Mk-9 型通用登陆艇，4 艘车辆人员登陆艇

装载能力：正常情况下 380～400 人，短期内最多到 700 人，15 辆坦克，27 辆车辆

雷达：1 套 974 型搜索雷达，1 套 978 型导航雷达

武器装备：2 座"海猫"地空导弹发射系统，4 座双 30 毫米厄利康高射炮，2 座 Oerlikon GAM-B01 型 20 毫米厄利康高射炮

直升机：可搭载 5 架"海王"直升机

7.4.3 同级舰

该级舰共建造 2 艘，现已经退役，见表 7.3。

表 7.3 "无恐"级船坞登陆舰情况

序号	舷号	名称	下水	服役	备注
1	L10	无恐（Fearless）	1963.12.19	1965.11.25	2002.03.18 退役，2008 年解体
2	L11	无畏（Intrepid）	1964.06.25	1967.03.11	1999.08.31 退役，2008 年解体

7.5 "圆桌骑士"级后勤登陆舰

7.5.1 简介

"圆桌骑士"（Round Table）级也称为"兰斯洛特爵士"（Sir Lancelot）级，是英国为实现两栖攻击作战任务而设计的，主要为两栖作战。它们被称为后勤登陆舰。

1961 年 12 月，交通部从费尔菲尔德造船厂和戈文工程公司订购了 6000 吨新级别的第一艘后勤支援舰。该级别是为了取代第二次世界大战中服役的 Mark 8 坦克登陆舰而设计的。第一艘舰，"兰斯洛特爵士"号，1963 年 6 月下水。1963 年 3 月，订购了另外 2 艘，"加拉哈德爵士"号（图 7.10）和"杰伦特爵士"号，1966 年 4 月和 1967 年 1 月在史蒂芬船厂下水。最后的 3 艘舰是在 1965 年 4 月订购："贝德维尔爵士"号（图 7.11）和"特里斯特拉姆爵士"号于 1966 年 7 月和 12 月在霍索恩

·莱斯利和赫本公司下水,"珀西瓦尔爵士"号于1967年10月在奥尔森德的斯旺亨特公司下水。6490吨位的"兰斯洛特爵士"号比它的后续者重,其动力有2个12缸的苏尔寿柴油发动机,其他军舰约4473吨,有2个10缸 MirrleesMonarch 发动机。

1970年1月前,这些舰由为英国海军服务的英国-印度海上交通公司管理和运作,后来移交给英国海军辅助舰队。福克兰群岛战争中损失了"加拉哈爵士"号,"特里斯特拉姆爵士"号损害严重。前者被一艘8861吨位的同名舰艇所取代,后者重修后继续服役。2008年,"贝德维尔爵士"号退役,该级别所有舰艇都被"湾"级取代。澳大利亚海军的"托布鲁克"号运输舰就是基于"贝迪维尔爵士"级舰艇所设计的。

该级登陆舰有舰首门和尾门通往主车辆舱,可使车辆上下舱,与坡道连接可通往上层和底层车辆甲板。由于吃水较浅,它们能够抵滩登陆,利用舰首门可提高部队和装备的登陆速度。该舰在上层车辆甲板和尾甲板有直升机甲板。

7.5.2 性能参数

(由于建造时间的不同,不同舰间参数有差异)

标准排水量:4983吨

满载排水量:6407吨

舰长:126~135.8米

舰宽:17.1米

吃水:3.9米

航速:17.25节

编制员额:64人

动力系统:2台10缸4冲程涡轮增压柴油发动机,功率7010千瓦,双轴推进,有舰首推进器

装载能力:坦克甲板(12辆"挑战者"坦克,31辆大型车辆,56辆路虎汽车或26只货物集装箱),车辆甲板(19辆大型车辆,50辆路虎汽车或20只集装箱),402人

武器装备:4座20毫米厄利康高射炮,4挺7.62毫米机枪

航空设备:船尾直升机甲板

改进型的主要参数:

满载排水量:8585吨

舰长:140.8米

舰宽:19.5米

吃水:4.3米

航速:18节

续航力:13000海里(15节)

编制员额:49人

动力系统：2 台柴油发动机，功率 9798 千瓦，双轴推进，有舰首推进器，可调距螺旋桨

装载能力：坦克甲板（18 辆"挑战者"坦克，20 辆大型车辆或 40 只货物集装箱），343 人

武器装备：2 座 40 毫米厄利康高射炮，3 座 GAM－B03 型 20 毫米火炮

雷达：RN－1006 导航雷达

直升机：1 架 HC－"海王"直升机

飞行设施：船尾直升机甲板

物资装卸载设备改进：舰首跳板改为 3 段式，坦克和车辆甲板间有 1 台剪式升降装置、1 台活动起重机，车辆甲板可为 CH－47 或 EH－101 备有第二起降区，装 1 部龙门桅；1 台 25 吨，3 台起重机，吸取了在马岛战争中的教训，将原登陆舰的铰链大门改为一个较低的挡板，挡板重 50 吨，由铰接臂升降，以提高部队或装备的快速登陆能力。

该级舰上层建筑较大，舰尾楼高，全长 45 米，分为 5 层，尾楼顶部设直升机平台，坦克舱位于舰中部，尾楼减轻舰的重量以获得较小的吃水，如上层建筑、直升机平台、通风道等采用铝合金。

坦克舱宽 9.76 米，足以容纳 2 排坦克，舱高 5.11 米，高出上甲板平面 1.3 米，呈凸字形，这不仅考虑 50 吨级坦克的出入，还考虑直升机、雷达车、起重机的出入。坦克甲板采用全贯通结构，车辆直接从首尾跳板出入。舱顶盖兼作直车辆甲板，可装载 24 辆载重 3 吨的车辆。甲板上开 2 个 13 米×4.7 米的舱口，设 2 个内部斜坡板，车辆可经此上下，还兼作舱口盖，收起时和车辆甲板平齐。2 部 20 吨起重机、2 部 3 吨起重机，舰首大门双扇对开，舰首跳板由 2 段组成，长 20 米。带 4 个浮箱，6.1 米×2.44 米×1.45 米，均可组成 7.32 米的浮桥。

7.5.3 同级舰

该级舰共建造 8 艘，其中后 2 艘为改进型，1 艘为澳大利亚海军建造，1 艘是补充马岛战争中击沉的同级舰。现英国已经全部退役或出售，其他国家仍在服役，见表 7.4。

表 7.4 "圆桌骑士"级后勤登陆舰情况

序号	舰号	名称	下水	服役	备注
1	L3004	贝德维尔爵士 （Sir Bedivere）	1966.07.20	1967.05.18	2008.02.18 退役，出售给巴西海军，在役
2	L3005（1）	加拉哈德爵士 （Sir Galahad）	1966.04.19	1966.12.17	1982.06.21，马岛战争中被阿根廷空军击毁
3	L3027	杰伦特爵士 （Sir Geraint）	1967.01.26	1967.07.12	2003.05.01 退役，2005 年解体

（续）

序号	舰号	名称	下水	服役	备注
4	L3029	兰斯洛特爵士（Sir Lancelot）	1963.06.25	1964.01.16	1989 年出售给新加坡海军，2003 年转商业用途，2008 年解体
5	L3036	珀西瓦尔爵士（Sir Percivale）	1967.10.04	1968.03.23	2004.08.17 退役，2010 年解体
6	L3505	特里斯特拉姆爵士（Sir Tristram）	1966.12.12	1967.11.14	2005.12.16 退役，在波特兰港作训练舰
改进型					
7	L50	托布鲁克（Tobruk）	1980.03.01	1981.04.25	为澳大利亚海军建造，在役
8	L3005（2）	加拉哈德爵士（Sir Galahad）	1986.12.13	1987.11.25	2007 年出售给巴西海军，在役

图 7.10 2003 年的"加拉哈德爵士"号后勤登陆舰

图 7.11 "贝德维尔爵士"号后勤登陆舰

第八章 法国海军

8.1 "西北风"级两栖攻击舰

8.1.1 简介

"西北风"（Mistral）级两栖攻击舰是为法国海军建造的，又被称为投送指挥舰，能够搭载 16 架 NH90 直升机或者"虎"式直升机，4 艘登陆艇或 13 辆 AMX-56 "勒克莱克"主战坦克 40 辆"勒克莱克"主战坦克等，多达 70 辆车辆，450 名士兵。本级舰上配有 69 张病床，能为北约的一部分快速反应部队、联合国或欧盟维和部队提供服务。

服役于法国海军的 3 艘舰艇有"西北风"号（图 8.1）、"雷电"（Tonnerre）号（图 8.2）和"迪克斯莫德"（Dixmude）号（图 8.3）。2010 年 12 月 24 日，法国总统萨科齐宣布向俄罗斯海军销售 2 艘舰艇。2011 年 1 月 25 日，俄罗斯总理代表谢钦和法国国防部长阿兰朱佩在法国总统萨科齐的见证下签订了购买协议，后来由于西方国家对俄罗斯实施制裁，该合同终止。

1998 年，在法国巴黎海军装备展上，法国证实他们计划在 BIP-19 理念的基础上，建造一批舰艇。而"西北风"号和"雷电"号舰建造计划 2000 年 12 月 8 日才获准。建造协议于 12 月 22 日公布，2001 年 7 月 13 日，法国海军建造局与大西洋造船厂获得了公共采购权。7 月末，双方签署建造协议。2001 年 9 月，在圣纳泽尔成立了工程设计团队，DCA 和 DGA 开始协商研究修改 BIP-19 的设计。

舰艇将分两个主体部分和几个附属部分在不同的船厂建造，之后，合体竣工。法国海军建造局被指派为建造总负责方，包办 60% 的建造工作，工时占全部的 55%，轮机的组装在洛里昂进行，战斗系统在土伦完成安装与调校，尾部船段和舰岛在布鲁斯特完成组装。韩国 STX 造船厂欧洲分公司 STX 于圣纳泽尔建造舰体前段，并负责将前段舰体运送至布雷斯特完成总装。其他公司也参与了船体建造：一些建造工作外包给 Stocznia Remontowa de Gdańsk 造船厂。舰上的雷达和通信系统由泰雷兹集团提供。据预测，建造一艘舰艇要用 34 个月的时间，设计和建造两艘舰艇花费 6.85 亿欧元（相当于建造一艘 HMS "海洋"号或美国"圣安东尼奥"号的费用，费用还与"闪电"级两栖登陆舰的前型相当，而该舰艇的排水量仅是"西北风"级舰艇的一半，46.5 个月竣工）。

自"迪克斯莫德"号开始，法国"西北风"级后续舰和销售给俄罗斯的前 2 艘"西北风"级舰艇均在圣纳泽尔的 STX 法国造船厂建造，它为 STX 欧洲造船厂、阿尔斯通和法国政府共有。其中，STX 欧洲公司拥有多数股权。法国海军建造局为舰艇提供战斗系统。

图 8.1　"西北风"号停靠在土伦港准备迎接时任法国总统萨科齐参加 2009 年 5 月 8 日的庆祝活动

图 8.2　停泊在土伦港的"雷电"号准备参加 2009 年 5 月 8 日庆祝活动

图 8.3　停泊在黎巴嫩朱尼耶湾的"迪克斯莫德"号

2002 年，法国海军建造局为"西北风"号和"雷电"号铺放后部舰段的舰尾龙骨，7 月 9 日为"西北风"号铺放龙骨，12 月 3 日为"雷电"号铺放龙骨。2003 年 1 月 28 日，大西洋造船厂为"西北风"号铺放前部舰段龙骨，之后，为"雷电"号铺放了前部舰段龙骨。2003 年 8 月 26 日，"雷电"号的尾部舰段被放入干坞，而"西北风"号的尾部则在 10 月 23 日进入干坞。两舰的尾部都在同一干坞完成总装。2004 年 7 月 16 日，"西北风"号前部舰段拖至布雷斯特，7 月 19 日抵达。7 月 30 日，"西北风"号的前部和尾部在 9 号船坞通过类似于混合拼接技术合并。2005 年 5 月 2 日，"雷电"号前部舰段抵达布雷斯特，"雷电"号也是通过相同的程序合并。

2004 年 10 月 6 日，"西北风"号准时下水，而"雷电"号于 2005 年 7 月 26 日下水。这 2 艘舰艇分别定于 2005 年末、2006 年初交工，但由于 SENIT 9 侦测系统故障和前部舰段油毡地板毁坏，使得 2 艘舰艇交工时间推迟了一年。这 2 艘舰艇分别于 2006 年 2 月 15 日和 2007 年 8 月 1 日服役于法国海军。

法国 2008 年国防与国家安全白皮书——诠释国防问题的政策性文件预测到 2020 年将有另外 2 艘两栖攻击舰服务于法国海军。2009 年，法国政府订购了第 3 艘舰艇，但为了应对 2008 年开始的经济衰退，法国政府暂时将订单搁置。2009 年 4 月 18 日，第 3 艘舰艇在圣纳泽尔建造；由于经济方面的限制，整艘舰艇都在圣纳泽尔建造。

2009 年 12 月 17 日，法国政府宣布本级舰的第 3 艘舰艇命名为"迪克斯莫德"（Dixmude）号。曾有人建议可将第 3 艘命名为"圣女贞德"号，该舰艇是 2010 年退役的直升机巡洋舰。但是，这个想法遭到了法国海军内部一些人的反对。2013 年国防与国家安全白皮书中，法国政府宣布放弃建造第 4 艘"西北风"号军舰。

8.1.2 结构特点

就排水量而言,"西北风"号和"雷电"号是继核动力航母"戴高乐"号之后 2 艘排水量最大的舰艇,它们水上的高度大体相同。

该级舰的飞行甲板面积约有 6400 米^2,甲板上设有 6 个起降位,每个机位均可支撑一架质量 33 吨的直升机。1800 米^2 的机库可以搭载 16 架直升机和带有高架起重机的维修区。舰艇上安装了 DRBN-38A 台卡 Bridgemaster E250 着陆雷达和光学起降辅助系统以协助侦测和校正。从舰岛上俯视飞行甲板能看到 2 部电梯:主升降机在舰尾部,辅助升降机在左边。飞行甲板和机库由 2 部 13 吨的直升机升降机连接。主升降机 225 米^2,位于舰尾部的中线附近,足以让旋翼展开的直升机进行升降。120 米^2 的辅助升降机位于舰岛的舰尾部。

法国服役的各型直升机均可从这些舰艇上起飞。2005 年 2 月 8 日,法国海军的"山猫"直升机和"美洲豹"直升机在"西北风"号舰尾着舰。2006 年 3 月 9 日,第一架 NH90 直升机着舰。过半的直升机将由 NH90 直升机组成,另一半则由"虎"式攻击直升机构成。2007 年 4 月 9 日,"美洲狮""松鼠"和"美洲豹"直升机在"雷电"号上着舰。

"西北风"号首任指挥官吉尔斯上校说,飞行甲板和机库甲板面积可容纳 30 架直升机。"西北风"号的航空能力与"黄蜂"级两栖攻击舰的性能相近,而其造价和舰员人数只有黄蜂级攻击舰的六分之一。

"西北风"级舰艇可搭载 450 名士兵,短途运输时,可搭载 900 名士兵。装甲车甲板 2650 米^2,最多可容纳 40 辆"勒克莱克"主战坦克,或 13 辆"勒克莱克"和 46 辆其他装甲车。相比之下,"闪电"级舰艇在 1000 米^2 的甲板上,仅能搭载包括 22 辆 AMX-30 坦克在内的 100 辆装甲车。885 米^2 甲板可容纳 4 辆登陆艇。"西北风"级能够满足 2 艘气垫登陆艇的施放和停靠。尽管法国海军无意购买气垫登陆艇,但是这一性能可提高"西北风"级与美国海军陆战队和荷兰海军互相合作的能力。相反,法国陆军采购局(DGA)定购了 8 艘法国自行设计的质量 59 吨 EDA-R 双体登陆艇。

"西北风"级能作指挥舰使用,850 米^2 的指挥中心可容纳 150 人。传感器发出的信息可在战术情报处理系统集中,战术情报处理系统是美国海军战术系统产品。战术情报处理系统的修改,使"西北风"号和"雷电"号交工推迟一年。该系统是以"泰雷兹"MRR3D-NG 多功能雷达为基础的,它兼容 IFF 性能,可在 C 波段下工作。战术情报处理系统也可通过 Link-11、Link-16 和 Link-22 与北约连接,互换数据。

通信方面,"西北风"级攻击舰使用 SYRACUSE 卫星系统,这套系统基于法国 SYRACUSE 3-A 和 SYRACUSE 3-B,北约 45% 的超音频保密通信由它提供。2007 年 6 月 18 日至 24 日,"雷电"号从巴西行至南非的途中,一天内与巴黎航空航天展的贵宾们进行了两次电视会议。

2008年起，2艘"西北风"级上配备了2套"辛伯达"导弹发射器和4挺M2-HB型12.7毫米勃朗宁机枪，2挺布莱达毛瑟30毫米70倍口径机炮。"西北风"级舰考虑了自卫时武器欠缺的问题，因此，"西北风"号和"雷电"号只有在足够多护卫舰的护卫下才能进入敌区。

每艘舰艇上都搭载一套北约Role3医疗设备，具有包括牙科、诊断学、专家手术和医疗设备、食品卫生和心理学方面的能力。这些设备与野战部队医院或者与一座有25000名居民的城市医院规模相当。舰上有一套SYRACUSE技术支持的远距离医学系统，能够进行复杂的专业性的外科手术。900 $米^2$ 的医院有20个病房，69张住院病床，其中有7张病床可用于重病特别护理。两间外科手术室配有放射室，放射室可提供数字式摄像术、超声波诊断术和移动扫描仪。舰上还留有50张医疗床，这些床可放置在机库，以便在紧急情况下扩展医院的容纳能力。

"西北风"号和"雷电"号是法国海军中第一批使用全回转推进器的舰船。推进器的运转是由5组V32柴油发电机提供的，而且推进器可以从任何角度调整。这种推进科技不仅给予舰船重要的操作性能，而且还为通常使用的机械传动轴腾出空间。方位推进器长期用于军事的可靠性尚未测验，但是此前其他两栖运输舰，包括荷兰"鹿特丹"级和西班牙"加利西亚级"都使用了这项技术。

使用方位推进器腾出的空间可以建造成没有管道或机器的居住区。居住区位于舰前部，"西北风"级上船员舱的舒适度可以与北大西洋造船厂建造的大型游轮客舱相媲美。船上15名军官拥有单人房。非指挥军官则使用双人房，而初级军官和士兵使用4人或6人间。据说，这些居住区的条件比法国外籍的多数兵营还要好。2007年5月，美国海军中将马克·菲次杰拉德视察"西北风"级一艘舰艇，据称他曾想使用同一生活区款待3倍于"西北风"号编制数量的人员。

8.1.3 性能参数

标准排水量：16500吨

满载排水量：21300吨

舰长：199米

舰宽：32米

吃水：6.3米

航速：18.8节

续航力：5800海里（18节），10700海里（15节）

动力系统：3台16 V32瓦锡兰柴油交流发电机，功率6.2兆瓦，1台瓦锡兰18V200辅助柴油交流发电机，功率3兆瓦，2具罗尔斯·罗伊斯推进器（2×7兆瓦），2具5叶片螺旋桨

舰载艇：4艘CTM（任一款），2艘气垫登陆艇

装载能力：59 辆车辆（包括 13 辆 AMX-56"勒克莱克"坦克），或 1 个 40 辆"勒克莱克"坦克营

搭载人数：900 人（短程），450 人（长程），150 人（军事指挥部）

编制员额：20 名军官，80 名士官，60 名舵手

侦测处理系统：DRBN-38A 台卡 E250 导航雷达，MRR3D-NG 空/海警卫雷达，2 套光学射控系统

武器装备：2 套辛巴舰空导弹发射装置，4 挺 M2-HB 型 12.7 毫米勃朗宁机枪

舰载机：16 架重型直升机或 35 架轻型直升机

飞行设施：6 个直升机起降点

8.1.4 同级舰

该级舰共建造 5 艘，法国海军 3 艘，均在役。俄罗斯海军原计划订购 2 艘，1 艘已经完工，原计划 2014 年 11 月交付，俄法双方签署了价值 13 亿美元的采购合同。但是后来西方国家对俄罗斯实施制裁，不同意将该型舰交付俄罗斯，经俄法协商，该合同 2015 年 8 月终止，法国为此支付了约 10 亿美元的违约金，在 2015 年底，法国方面与埃及达成协议，决定将这些舰船出售给埃及，见表 8.1。

表 8.1 "西北风"级两栖攻击舰情况

序号	舰号	名称	下水	服役	备注
1	L9013	西北风（Mistral）	2004.10.06	2006.02.15	在役
2	L9014	雷电（Tonnerre）	2005.07.26	2007.08.01	在役
3	L9015	迪克斯莫德（Dixmude）	2010.12.18	2012.07.27	在役
埃及					
4	L1010	加麦尔·阿卜杜勒·纳赛尔（Gamal Abdel Nasser）	2013.10.15	2016.06.02	在役
5	L1020	安瓦尔·萨达特（Anwar El Sadat）	2014.11.21	2016.09.16	在役

8.2 "闪电"级船坞登陆舰

8.2.1 简介

"闪电"（Foudre）级船坞登陆舰是法国海军建造的一级船坞登陆舰。由法国海军建设局布雷斯特建造厂建造，首舰 1986 年 3 月 26 日开工，1988 年 11 月 19 日下

水，1990 年 12 月 7 日服役（图 8.4）。其主要担负向海滩或不安全区域输送机械化部队、坦克、装甲车和其他车辆，并担负反潜、反舰、防空、编队指挥等多种作战任务，以及作为后勤保障供应舰和海上小型舰船的应急维修。

图 8.4 "闪电"号船坞登陆舰

8.2.2 结构特点

本级舰上设有大的装载区，可用于搭载主战坦克和装甲车辆，有一部载重 52 吨的升降平台、一台额定吊运能力 37 吨、12 米的起重机。一面横向斜坡和一个飞行甲板，一个 1450 米^2 的飞行甲板，最多可容纳 7 架"超级美洲豹"直升机。有 3 个直升机着舰点，2 个在飞行甲板和 1 个在 400 米^2 的可伸缩船坞盖甲板上。

3 艘此种型号的本级舰能搭载整个武装部队，包括搭载 22 辆 AMX-30 或"勒克莱克"主战坦克，44 辆 AMX10RC 重型武装车，22 辆装甲车辆，41 辆全地形轻装车辆（包括 16 套 MILA 反坦克导弹系统），54 辆 TRM4000 坦克，15 辆 TRM2000 轻型坦克，5 辆燃料输送卡车，2 辆拖车，6 门 120 毫米迫击炮，67 个拖曳式容器，总质量 3300 吨。

船体依井型甲板而建，井型甲板占据该舰总长的四分之三，拥有容积达到 13000 米^3 的船坞，可容纳的登陆艇多达 8 艘。只需将这些舰进行压载，降低舰高度，打开军舰后门，便可以让登陆艇入海。

航空设施允许运输直升机进行全天候起降工作，这是为搭载突击队而设计的。机舱内可容纳 4 架"超级美洲狮"或 2 架"超黄蜂"直升机。

8.2.3 性能参数

标准排水量：11300 吨

满载排水量：12000 吨

舰长：168 米

舰宽：23.5 米

吃水：5.2 米

航速：21 节

续航力：11000 海里（15 节）

编制员额：20 名军官，80 名士官，60 名舵手

动力系统：2 台 16PC2.5V400 皮尔斯蒂克柴油发动机，功率 15290 千瓦，双轴推进，2 具可调距螺旋桨，1 具侧推器，1 具辅助侧推器，5 台柴油发电机，功率 4250 千瓦

舰载艇：8 艘登陆艇

装载能力：150 人指挥总部，450 名作战人员（短途 900 人）

武器装备：3 座辛巴达地对空导弹系统，3 座布莱达毛瑟 30 毫米炮（未安装，但留有安装基座），4 座 M2 – HB 型 12.7 毫米勃朗宁机枪

雷达：1 部汤姆逊无线电公司的 DRBV21A "火星" 对空/对海搜索雷达；1 部雷卡 – 德卡公司的 2459 型对海搜索雷达，2 部雷卡 – 德卡公司的 RM1229 型导航雷达（1 部用于直升机的控制）

火控系统：萨吉姆公司的 VIGY – 05 型光电系统

作战数据系统："锡拉库斯"型卫星通信指挥系统，OPSMER 指挥支援系统

舰载机：4 架直升机

飞行设施：机库

8.2.4 同级舰

该级舰共建造 2 艘，2 艘均已退役，分别出售给了智利海军和巴西海军，见表 8.2。2010 年 10 月，智利最终与法国达成协议，以近 8000 万美元的价格购买"闪电"级船坞登陆舰。2011 年 12 月，"闪电"号被命名为"萨亨托阿尔德亚"（Sargento Aldea）号，舷号 LSDH – 91，进入智利海军服役。2015 年 12 月 17 日"热风"号退役后以 750 万欧元的价格出售给巴西海军，命名为"巴伊亚"（Bahia）号，舷号 G40，进入巴西海军服役。

表 8.2 "闪电"级船坞登陆舰情况

序号	舷号	名称	下水	服役	备注
1	L9011	闪电（Foudre）	1988.11.19	1990.12.07	2011.12.23 交付智利海军，在役
2	L9012	热风（Siroco）	1996.12.14	1998.12.21	2015.12.17 退役后出售给巴西海军，在役

图8.5 登陆艇准备驶入"闪电"号船坞登陆舰

8.3 "巴特拉尔"级坦克登陆舰

8.3.1 简介

"巴特拉尔"(Batral)级是法国海军的一级小型坦克登陆舰,从20世纪70年代开始,一直用于法国海军的法国海外省和地区的区域物资运输。2014年1月9日,法国曾宣布在役的2艘"巴特拉尔"级登陆舰服役到2015年或2016年,然后由3艘1500吨级的"Bâtiments Multimission"(B2M)多用途远洋舰取代。

"巴特拉尔"级可以在机库和甲板上装载超过400吨的物资,可以在码头或岸滩进行物资的装卸载,携带的2艘平底运输艇可以一次运载15人或1辆轻型车辆。住宿条件满足5名军官、15名海军士官和118名人员的要求,可运送一个典型的装甲部队。直升机甲板可允许轻型直升机起降,满足重型直升机的运输要求。为了物资装载,安装有10吨的起重机。图8.6和图8.7为"弗朗西斯·加尼尔"号坦克登陆舰,图8.8为"迪蒙·迪尔维尔"号坦克登陆舰。

8.3.2 性能参数

标准排水量:770吨

满载排水量:1330吨

舰长：80 米

舰宽：13 米

吃水：3.0 米

航速：16 节

续航力：4500 海里（13 节）

动力系统：2 台瓦锡兰 UD 33 V12 M4 柴油机，功率 2700 千瓦，2 台 180 千瓦发电机，双轴推进，2 具 4 叶螺旋桨

编制员额：44 人

电子设备：1 套台卡 1226 导航雷达，1 套国际海事通信卫星系统

武器装备：2 座 40 毫米高射炮，2 挺 12.7 毫米机枪，2 座 81 毫米迫击炮

飞行设施：直升机甲板

图 8.6　航行中的"弗朗西斯·加尼尔"号坦克登陆舰

图 8.7　航行中的"弗朗西斯·加尼尔"号坦克登陆舰

图 8.8　舰首门打开的"迪蒙·迪尔维尔"号坦克登陆舰

8.3.3　同级舰

该级舰共建造 13 艘，其中法国海军 5 艘，已经退役 3 艘，仍有 2 艘在服役，见表 8.3。

出售给智利海军 3 艘，退役 1 艘；出售给加蓬海军 1 艘；出售给科特迪瓦 1 艘；出售给摩洛哥海军 3 艘。

表 8.3　"巴特拉尔"坦克登陆舰情况

序号	舷号	名称	下水	服役	备注
1	L9030	山普伦（Champlain）	1973.11.17	1974.10.05	2004.08.30 退役
2	L9031	弗朗西斯·加尼尔（Francis Garnier）	1973.11.17	1974.06.21	2011.02.16 退役
3	L9032	迪蒙·迪尔维尔（Dumont d'Urville）	1981.11.27	1983.02.05	在役
4	L9033	雅克·卡蒂亚（Jacques Cartier）	1982.04.28	1983.09.28	2013.07.09 退役
5	L9034	拉·格兰迪埃（La Grandiere）	1985.12.11	1987.01.20	在役

第九章 意大利海军

9.1 "圣·乔治奥"级两栖船坞运输舰

9.1.1 简介

3艘"圣·乔治奥"（San Giorgio）级两栖船坞运输舰由芬坎蒂尼公司为意大利海军建造，分别是"圣·乔治奥"号（图9.1）、"圣·古斯托"号（图9.2）和"圣·马可"号（图9.3）。本级舰可搭载营级规模的部队和36辆装甲车。舰尾泛水坞舱能容纳3艘登陆艇，飞行甲板可供3架飞机起降。"圣·古斯托"号通常用作训练舰，"圣·乔治奥"号停靠在亚得里亚海岸的布林迪西海军基地。该级舰战时用于人员和装备的输送和登陆支援，平时用于自然灾害的救援。

图9.1 "圣·乔治奥"号船坞式两栖运输舰

"圣·乔治奥"级作为服役最久的舰船下一步计划被更换,目前意大利海军已获得许可,建造 2 艘质量 20000 吨、长 190 米的两栖攻击舰(直升机登陆舰),而第 3 艘新舰艇可能要配备大量的飞行设备(直升机突击登陆舰)。

图 9.2 "圣·古斯托"号船坞式两栖运输舰

图 9.3 "圣·马可"号船坞式两栖运输舰

9.1.2 结构特点

该级舰具有滚装登陆性能,以便登陆装载、利用像"支奴干"直升机这样的高性能飞机垂直登陆，还可运用舰艇自己的系统进行海到岸边的运输，在天然海岸停靠船只。

"圣·乔治奥"号和"圣·马可"号进行了改装，加长了飞行甲板，每次支持4架直升机起降。"圣·乔治奥"级舰可搭载一个营级规模的部队，30辆中型坦克或36辆履带式装甲车。尾部船坞可容纳3辆LCM（或MTM）登陆艇，每艘舰艇可运送30吨货物。飞行甲板上76毫米的炮架和左舷上两个为人员登陆艇准备的吊柱移除了，为新的中央甲板提供了空间。新飞行甲板允许2架EH101直升机和2架NH90或AB212中型直升机同时降落。人员登陆艇移到了左舷突出部的下面，舰首门也被去掉了。

"圣·古斯托"号的满载排水量比本级舰的其他舰增加了约300吨。这艘舰没有用于海滩登陆的舰首门。三个吊柱可供登陆艇和巡逻艇使用，吊柱没有安装在飞行甲板上，而是重新安装在舰左舷的舷侧突出部位。

舰上配有一台30吨的升降机和一辆举升力达40吨的移动式起重机，这些起重机能够自动地装运、卸载港口设施。

主飞行甲板的长度几乎与整个舰身相当，有3个直升机降落点。舰艇能容纳3架"海王"SH-3D直升机或5架"阿古斯塔"AB-212通用直升机。

本级舰使用的IPN20战斗资料系统和NA10射控系统都是塞勒克斯系统集成公司的产品。舰上拥有Elmer MAC整合式话音通信系统。

飞行甲板的前端设有炮位，炮位上装有奥托·梅莱拉公司生产的76毫米62倍径舰炮。该舰炮射程6千米，80发/分钟速率到达8.5海里的敌人防区。本级舰还设有2门奥利空20毫米近距离防守机炮。

本级舰的电子战系统包含一套罗马电子公司生产的电子反制系统/电子支援系统（ECM/ESM）。雷达套件包括在I波段运行的MM/SPQ702平面搜索雷达和SPN-748导航雷达，I波段和J波段运行的Selex RTN-10X射控雷达。

本级舰的动力均由芬坎蒂尼柴油机部生产的2台GMT A420.12柴油机提供，功率16800轴马力。驱动2具定距螺旋桨。

"圣·乔治奥"号配有4台芬坎蒂尼公司生产的GMTB 230.6柴油机，其功率为3080千瓦。这一动力系统提供的最高航速达21节。航速16节情况下，舰艇的续航力高达7500海里。

本级舰还配备了较先进的医疗设施，包括X射线设备、诊疗所、手术室、观察站、病房和隔离室等。

9.1.3　性能参数

标准排水量：5600吨，5900吨（"圣·古斯托"号）
满载排水量：7650吨，7980吨（"圣·古斯托"号）

舰长：133 米

舰宽：20.5 米

航速：21 节

续航力：7500 海里（16 节）

编制员额：17 名军官，163 名士兵

动力系统：2 台芬坎蒂尼公司的 GMT A420.12 柴油机

舰载艇：3 艘机械登陆艇，3 艘人员登陆艇，1 艘巡逻艇

装载能力：350 人，30 辆中型坦克，36 辆履带式装甲车

侦测处理系统：MM/SPQ702 搜索雷达，SPN-748 导航雷达，Selex RTN-10X 炮瞄雷达

电子战系统：Elettronica SpA ECM/ESM 系统

武器装备：1 座奥托·梅莱拉 76 毫米舰炮（"圣·乔治奥"和"圣·马可"上的机炮已移除，以扩大飞行甲板空间），2 座 20 毫米机炮

舰载机：3 架"海王"SH-3D 直升机，5 架"阿古斯塔"AB-212 型直升机

飞行设施：3 个起降点的飞行甲板，无机库（"圣·古斯托"号可从车辆甲板上移动 AB-212 型直升机）

9.1.4 同级舰

该级舰共建造 4 艘，其中意大利海军 3 艘，阿尔及利亚海军 1 艘，见表 9.1。

1999 年 10 月 26 日至 2000 年 2 月 15 日，"圣·古斯托"号参加了以澳大利亚为首的东帝汶维和部队行动。2005 年 6 月，"圣·古斯托"号作为旗舰参加了北约组织的"冰沙行动"，在这次活动中，乌克兰、俄罗斯等 10 个国家的舰艇共同参与了模拟潜艇救援活动。

表 9.1 "圣·乔治奥"级船坞式两栖运输舰情况

序号	舰号	名称	下水	服役	备注
1	L9892	圣·乔治奥（San Giorgio）	1987.02.21	1988.02.13	在役
2	L9893	圣·马可（San Marco）	1987.10.10	1988.05.14	在役
3	L9894	圣·古斯托（San Giusto）	1993.10.23	1994.04.14	在役

第十章 荷兰海军

10.1 "鹿特丹"级船坞式两栖登陆舰

10.1.1 简介

"鹿特丹"（Rotterdam）级是荷兰海军的两栖船坞登陆舰（LPD），该舰由荷兰和西班牙联合设计。每艘舰上配有可供直升机起降大型飞机甲板和可供大型登陆艇停靠的船坞。舰上还配有手术室、重症监护室，其设备齐全，规模相当于小型医院，一组外科手术团队常驻舰上。舰上还装有海水净化系统，该系统能将海水净化成饮用水。

"鹿特丹"号（舷号L800）是"鹿特丹"级首舰，其满载排水量12750吨，于1997年下水（图10.1和图10.2）。

该级的第2艘舰"约翰·德维特"（Johan de Witt）号，（舷号L801）2005年5月下水，其满载排水量为16800吨（图10.3）。"约翰·德维特"号配有船艏推进器，还装有指挥和控制设施。

"鹿特丹"级两栖登陆舰能在6级海况下进行直升机起降操作，在4级海况上进行登陆艇的施放和回收操作。

两栖作战任务可以满足一个营级海军陆战队的上舰、投送和登陆，还可对联合作战和后勤支援所需的车辆、战略物资和装备进行装运。登陆舰为营级部队携带10天以上的物资储备。该舰还担负执行维持和平行动任务，飞行甲板可供反潜直升机起降，或是运输陆、空军的装备与器材、两栖登陆载具母舰、反恐任务作战平台，执行和平维持行动、人道救援或灾害救助等任务，以及担任大规模伤员海上救护舰等任务。

"鹿特丹"号的车辆甲板为1010米^2，船坞甲板为885米^2，舰上设有42个一般库房，共可储存180吨的弹药、180吨的饮用水、24吨的零附件、12吨的医疗补给品、25吨食物与150个声纳浮标。舰上另有两个225米^{2}和121米^{2}的货舱，可储存

栈板托盘，储存驻舰部队的货物与弹药。舰上有 4 个电梯，一个为 25 吨、两个 7.5 吨与一个 4 吨。舰上也有两个可回旋的起重机，一台为 25 吨，另一台为 2.5 吨。车辆装载可由舰身两旁的货舱门，透过舰身伸缩式跳板，连接至码头执行装卸载作业。不过这种装载方式会受潮水影响，必须掌握每个港最佳潮汐状况执行。"鹿特丹"号还有两艘 7 米长的硬式突击舟。

图 10.1　锚泊中的"鹿特丹"号船坞式两栖登陆舰

图 10.2　航行中的"鹿特丹"号船坞式两栖登陆舰

第十章 荷兰海军

图 10.3　2 艘登陆艇正准备驶入"约翰·德维特"号船坞式两栖登陆舰

"鹿特丹"号由 124 名乘员操作，其中包括 13 名军官。其住宿条件也可完全容纳一支海军陆战队或 613 名士兵。"鹿特丹"号能运载 170 辆装甲输送车，或 33 辆主战坦克。此外，"鹿特丹"号的船坞甲板最多可容纳 6 艘 Mk3 车辆人员登陆艇，4 艘 Mk9 通用登陆艇或 4 艘 LCM 8 登陆艇。

"鹿特丹"号上长 58 米、宽 25 米的飞行甲板能够供 2 架 EH101 大型直升机起降。机库很大，能容纳 4 架 EH101 直升机或 6 架"美洲豹"或 NH90 中型直升机。舱内备有大量的直升机维修设施和备件。

该级舰配备有齐全的医疗设施，包括 2 个外科手术室、10 个特护床位、X 射线设备、治疗室和一个可容纳 100 名伤员的应急病房。

10.1.2　性能参数

标准排水量：9500 吨（"鹿特丹"号），9500 吨（"约翰·德维特"号）

满载排水量：12750 吨（"鹿特丹"号），16800 吨（"约翰·德维特"号）

舰长：166 米（"鹿特丹"号），176.35 米（"约翰·德维特"号）

舰宽：25 米（"鹿特丹"号），29.2 米（"约翰·德维特"号）

吃水：5.8 米

航速：19 节

续航力：6000 海里（12 节）

动力系统：柴电动力推进系统，4 台斯托克瓦锡兰集团 12SW28 型柴油机，功率

14.6 兆瓦，4 台 12 兆瓦电动机，双轴推进，舰首侧推器

　　自持力：6 周

　　登陆艇：6 艘通用登陆艇或 4 艘车辆人员登陆艇（"约翰·德维特"号搭载 2 艘气垫登陆艇）

　　装载能力：170 辆装甲步兵车或 33 辆主战坦克

　　搭载人数：611 人

　　编制员额：124 人（含 13 名军官）

　　电子设备：DA08 空/地搜索雷达，E/F 波段，对海搜索雷达为 ARPA 雷达，I 波段，1 套超高频卫星通信系统，1 套国际联合海事指挥信息系统

　　电子战系统：4 座 Mk36 干扰火箭发射装置，1 部"水精"SLQ-25 Nixie 拖曳鱼雷诱饵

　　武器装备：2 座 30 毫米守门员近程武器系统，4 座 20 毫米厄利康高射炮

　　直升机：机库可容纳 6 架"山猫"或 NH-90 多用途直升机，或 4 架 EH-101 直升机

　　飞行设施：舰尾设有直升机飞行甲板。

10.1.3　同级舰

"鹿特丹"级船坞式两栖登陆舰共服役 2 艘，见表 10.1。

表 10.1　"鹿特丹"级船坞式两栖登陆舰情况

序号	舷号	名称	下水	服役	备注
1	L800	鹿特丹（Rotterdam）	1997.02.22	1998.04.18	在役
2	L801	约翰·德维特（Johan de Witt）	2005.05.13	2007.11.30	在役

第十一章 西班牙海军

11.1 "加利西亚"级船坞登陆舰

11.1.1 简介

"加利西亚"(Galicia)级隶属于西班牙海军,共建造2艘,为13900吨船坞登陆舰。"加利西亚"号(图11.1)和"卡斯蒂利亚"(Castilla)号(图11.2)由菲罗尔的纳凡帝亚船厂建造,分别于1998年和2000年服役。它们都停泊在西班牙罗塔岛海军基地。

"加利西亚"级船坞登陆舰是由西班牙和荷兰联合研发的一款通用型船坞登陆舰,该舰能够满足两国更替原有舰艇的需要。因此,"加利西亚"级船坞登陆舰与"鹿特丹"级相似。

图11.1 驶离码头的"加利西亚"号两栖船坞运输舰

图 11.2 靠泊中的"卡斯蒂利亚"号两栖船坞运输舰

"加利西亚"级两栖船坞运输舰通常一次只能运送 2 个全副武装的加强连,西班牙海军将"加利西亚"级的第 2 艘"卡斯蒂利亚"号改造为两栖战指挥舰,因此它与首制舰相比有很大不同。舰上将装备供 65 名海军陆战队参谋人员使用的指挥支援系统和通信设施,其所能装载的作战部队人数从 543 人减为 404 人。"卡斯蒂利亚"号还改进了传感器设备,采用 TRS 三坐标对空监视雷达。

"加利西亚"号采用柴油机直接推进系统,可在没有任何港口设施的辅助下用直升机实施垂直登陆。

该型舰都有一个大型的直升机甲板和 885 米^2 的坞井容纳大型登陆艇,另外,还有一座 1000 米^2 车辆舱,可容纳多达 33 辆主战坦克。

11.1.2　性能参数

标准排水量:12765 吨

满载排水量:13815 吨

舰长:166.2 米

舰宽:25 米

吃水:5.8 米

航速:20 节(最高),19 节(持续)

续航力：6000 海里（12 节）

编制员额：185 人

动力系统：4 台卡特彼勒 3612 柴油机，功率 16.2 兆瓦，双轴推进

自持力：6 周

登陆艇：4 艘 LCM－1E 登陆艇，2 艘硬壳充气艇（RHIB）

装载能力：600 名士兵（满载），130 辆装甲步兵车，或 33 辆主战坦克

侦测处理系统：1 套 DA08 空/地搜索雷达，TRS 3D/16 对海搜索雷达，ARPA 对海搜索雷达

电子战系统：4 具 Mk36 干扰弹火箭发射器，1 具 AN/SLQ－25"水妖鱼"雷诱饵发射器

武器装备：2 座 20 毫米厄利康高射炮

舰载机：4 架 SH－3"海王"直升机，或 6 架 NH－90 直升机

11.1.3 同级舰

"加利西亚"级船坞登陆舰共建造 2 艘，见表 11.1。

表 11.1 "加利西亚"级船坞登陆舰情况

序号	舰号	名称	下水	服役	备注
1	L51	加利西亚（Galicia）	1997.07.21	1998.04.29	在役
2	L52	卡斯蒂利亚（Castilla）	1999.06.14	2000.06.26	在役

11.2 "胡安·卡洛斯一世"号两栖攻击舰

11.2.1 简介

"胡安·卡洛斯一世"（Juan Carlos I）号是西班牙海军中一艘多功能战舰（图 11.3）。其设计理念与美国的"黄蜂"级两栖攻击舰相似，舰上设一条供短距离起降的滑跃式甲板。本舰上配备有 AV－8B"鹞"式Ⅱ攻击机，主要用作航空母舰。"胡安·卡洛斯一世"以西班牙现任国王胡安·卡洛斯一世命名，舷号 L61。该舰于 2008 年 3 月 10 日下水，2010 年 9 月 30 日服役。该舰的起初预算为 36000 万欧元，最后花费 46200 万欧元。

"胡安·卡洛斯一世"号在西班牙舰队中扮演着重要的角色，它不仅代替了"新港"级坦克登陆舰"荷南·科尔蒂斯"号和"皮扎罗"号，承担西班牙海军和陆军的战略运输，而且代替了退役航空母舰"阿斯图里亚斯亲王"号轻型航空母舰，担

任飞机的起飞平台。

图 11.3 "胡安·卡洛斯一世"号两栖攻击舰

11.2.2 结构特点

"胡安·卡洛斯一世"号的飞行甲板长 202 米,带有一段助飞的滑跃式甲板。甲板上有 8 个可供"鹞"式、F-35"闪电"或者中型直升机起降的停机场,其中有 4 个可供 CH-47"支奴干"型的重型直升机起降的停机坪,也可供 V-22"鱼鹰"级别的飞机起降。航空母舰模式下,若将轻型车辆存放区作为额外的堆放区,则该舰可搭载 30 架飞机。飞行甲板上设有 2 台飞机升降机,其中一台位于舰岛前方,另一台位于飞行甲板末端,此种配置与"阿斯图里亚斯亲王"号类似。

"胡安·卡洛斯一世"号舰的飞行甲板以下是一个两层多用途的大型甲板空间,车辆甲板和飞机甲板面积达 6000 米^2,可用来作为机库或放置车辆、物资,以可拆卸的隔间分隔,一边作为机库,另一边作为轻型车辆的停放甲板。在标准情况下,下甲板机库的面积为 1000 米^2,能容纳 12 架中型直升机或 8 架 F-35B 等级的短距起飞垂直降落型战机。机库前方可储存货物或轻型运输工具,而轻型车辆车库面积则为 1880 米^2(可容纳 100 辆轻型车辆)。

在纯粹担任执行航空母舰任务时,可将间隔拆除,把轻型车辆车库的空间也纳入机库;也可以将机库所有的空间用来容纳车辆与物资,进行纯粹的运输工作。此外,在机库/轻型车辆甲板以下还设有一个面积达 1410 米^2 的重型坦克用车库,可停放至多46辆"豹"Ⅱ坦克。停放在舰上的车辆可由两舷的坡道出入口直通舰外，具备驶进/驶出功能。"胡安·卡洛斯一世"号的舰内坞舱长69.3米、宽16.8米，可容纳4艘可在沙滩上运输坦克的LCM-8/LCM-1E登陆艇和4艘硬壳充气艇，或一艘气垫登陆艇和两栖攻击车辆。

"胡安·卡洛斯一世"级的主舱室甲板位于舰内坞舱上方，包括人员起居舱室、医疗舱室、厨房、办公室等，而机库甲板下方设有人员住舱。该舰拥有完善的医疗设施，包括三间手术室、病房、X射线室、断层扫描（CT）室等。

由于自动化程度很高，"胡安·卡洛斯一世"号仅编制243名船员，还不到"阿斯图里亚斯亲王"号的一半。除了本舰人员外，"胡安·卡洛斯一世"号还编制空勤人员172名，另可搭载140名两栖指挥人员以及一个320人的海军陆战队营，必要时还能增加70名人员；如果以高密度方式载运，"胡安·卡洛斯一世"号最多拥有搭载超过1200名登陆部队的实力，相当于一个满编营。

动力方面，"胡安·卡洛斯一世"号采用复合燃气涡轮机与柴油机电力推进方式，主机组合包括2台美国GE授权西班牙圣塔芭芭拉生产的LM-2500燃气涡轮机以及2台德国MAN 3240 16V柴油机，驱动发电机产生电力，然后带动两组安装在舰尾底部的可转囊荚式电动推进器（故本级舰不需要传统舵面），每个囊荚推进器功率11兆瓦。该舰是西班牙海军首次使用柴油电力装置。

"胡安·卡洛斯一世"号的舰体两侧设有稳定鳍，使舰尾的坞舱在四级海况下仍能进行登陆载具的收放。

11.2.3　性能参数

满载排水量：27079吨

舰长：230.82米

舰宽：32米

吃水：6.9米

航速：21节

续航力：9000海里（15节）

编制员额：243名（另加空军172名）

动力系统：2台LM-2500燃气涡轮机，2台MAN 3240 16V柴油机，2台电动推进器，总功率22兆瓦

登陆艇：4艘LCM-1E登陆艇，或2艘气垫登陆艇

装载能力：913名士兵，46辆"美洲豹"Ⅱ型坦克，或100辆轻型车辆

武器装备：4×座20毫米枪，4挺12.7毫米机枪

舰载机：AV-8B"鹞"式，CH-47"海王"等重型直升机，或NH-90等中型直升机

飞行设施：飞行甲板（同时操作4架CH-47"海王"重型直升机，或6架NH-90中型直升机），机库（容纳12架中型直升机与战机）

侦搜设备：1台Idra Lanza-N三维对空搜索雷达，1套Indra Aries导航雷达，1套Indra Aries航空管制雷达

第十二章 希腊海军

12.1 "杰森"级坦克登陆舰

12.1.1 简介

"杰森"(Jason)级坦克登陆舰与"野牛"级气垫登陆艇一并在1986年被订购,它们都是希腊海军主要的两栖作战舰艇。首舰"希俄斯"(Chios)号于1987年4月18日开始建造(图12.1)。

图12.1 "希俄斯"号坦克登陆舰

结构特点是具有高大的前甲板,76毫米/62舰炮装于舰首上升平台上的中间位置,前甲板下降过渡到向后方延伸的船台甲板,高大的上层建筑位于船台甲板后方,大型三角式主桅位于舰桥顶部,装有雷达天线。

醒目的双烟囱并排配置，位于上层建筑后方，烟囱横截面为矩形，顶部为黑色，顶部倾斜，大型上升式直升机平台位于舰尾架高甲板。

12.1.2 性能参数

满载排水量：4470 吨

舰长：116 米

舰宽：15.3 米

吃水：3.4 米

航速：16 节

动力系统：2 台瓦锡兰 16V25 柴油发动机，持续功率 6.76 兆瓦，双轴推进

登陆艇：4 艘车辆人员登陆艇

装载能力：300 名登陆人员和车辆

雷达：汤姆森－CSF"海神"，G 波段，开尔文休斯 1007 型导航，I 波段

火力控制：汤姆森－CSF"双子座"，I/J 波段

武器装备：1 门奥托梅莱拉 76 毫米/62Mod9 紧凑型舰炮，2 门布雷达 40 毫米/70 口径舰炮，4 门莱茵金属公司 20 毫米双管炮

舰载机：1 架中型直升机起降平台

12.1.3 同级舰

"杰森"级坦克登陆舰订购于 1986 年。本级舰与"野牛"级气垫登陆艇一起共同构成了希腊海军主要的两栖战舰。首舰建造于 1987 年 4 月 18 日，第 2 艘建于 1987 年 9 月（图 12.2），第 3 艘建于 1988 年 5 月，第 4 艘建于 1989 年 4 月（图 12.3），最后 1 艘建于 1989 年 11 月，见表 12.1。由于船厂经济问题导致这五艘舰艇特别是最后 3 艘舰艇的交工严重推迟。1997 年 10 月，该船厂私有化后，进度迅速加快。

表 12.1　"杰森"级坦克登陆舰情况

序号	舷号	名称	下水	服役	备注
1	L173	希俄斯（Chios）	1988.12.16	1996.05.30	在役
2	L174	萨摩斯（Samos）	1989.04.06	1994.05.20	在役
3	L175	伊卡里亚（Ikaria）	1998.10.22	1999.02.25	在役
4	L176	莱斯沃斯（Lesvos）	1990.07.05	1999.10.06	在役
5	L177	罗得斯（Rodos）	1999.10.06	2000.05.30	在役

图 12.2 "萨摩斯"号坦克登陆舰

图 12.3 "莱斯沃斯"号坦克登陆舰

第十三章　俄罗斯海军

13.1 "伊万·格伦"级坦克登陆舰

13.1.1 简介

"伊万·格伦"（Ivan Gren）级是为俄罗斯海军建造的一级坦克登陆舰。由涅夫斯科耶计划设计局设计，项目号为11711，该级舰的设计满载排水量约为6000吨。计划建造5艘。

首舰"伊万·格伦"号由加里宁格勒的琥珀造船厂建造。该舰的排水量为5000～6000吨，能够携带13辆主战坦克或60辆装甲运兵车或300名海军陆战队士兵。该级舰首舰已于2004年12月23日铺设龙骨，2010年11月末，"伊万·格伦"号的船体建造完成。在2010年10月9日签署了该舰增加工作的建造合同。该船于2012年5月18日下水，2018年6月20日加入俄罗斯海军，正式服役（图13.1和图13.2）。第二艘于2014年10月开始建造，2015年6月11日铺设龙骨，2018年5月25日下水，2020年12月23日服役。

该级舰每艘耗资1.6亿美元，专门用于登陆作战、运输作战车辆以及装备。

"伊万·格伦"级舰已成为俄罗斯海军登陆部队的核心力量。

图13.1　"伊万·格伦"级登陆舰模型图

图 13.2　建造中的"伊万·格伦"级登陆舰

13.1.2　性能参数

满载排水量：5080 吨

舰长：120 米

舰宽：16.5 米

平均吃水：3.6 米

航速：18 节

自持力：30 天

续航力：3500 海里（16 节）

编制员额：100 名

动力系统：2 台 10D49 柴油发动机，总功率 7350 千瓦

武器装备：2 套 BM-21 型 140 毫米多管火箭发射系统，1 座 AK-176 型 76 毫米火炮，2 座 AK-630M-2 型 6 管 30 毫米火炮

直升机：2 架卡-29 直升机

飞行设施：机库和起降平台

装载能力：13 辆 60 吨级坦克，或 36 辆装甲运兵车，300 名作战人员

13.1.3　同级舰

该级舰建造 4 艘，2 艘已经服役，另 2 艘已签订合同，2019 年铺设龙骨，预计 2023 年、2024 年交付，见表 13.1。

表 13.1　"伊万·格伦"级登陆舰情况

序号	舷号	名称	下水	服役	备注
1	135	伊万·格伦（Ivan Gren）	2012.05.18	2018.06.20	2018.03 完成海上试验
2	117	彼得·莫格诺夫（Моргунов）	2018.05.25	2020.12.23	2015.06.11 铺设龙骨
3		弗拉基米尔·安德列耶夫			预计 2023 年交付
4		瓦西里·特鲁申			预计 2024 年交付

13.2 "伊万·罗戈夫"级船坞登陆舰

13.2.1 简介

项目号为 1174 型级登陆舰（北约称为"伊万·罗戈夫"（IvanRogov）级）是苏联/俄罗斯海军船坞登陆舰（苏联称为大型登陆舰），20 世纪 70 年代，作为苏联海军扩张的一部分建造了该级两栖舰。该级大型登陆舰由加里宁格勒的扬塔尔船厂为俄罗斯海军建造。建造的 3 艘军舰分别是"伊万·罗戈夫"号，"亚历山大·尼古拉耶夫"（Aleksandr Nikolaev）号和"米特罗凡·莫斯卡伦科"（Mitrofan Moskalenko）号（图 13.3）。俄罗斯海军在 1995 年"伊万·罗戈夫"号（图 13.4）退役，1997 年"亚历山大·尼古拉耶夫"号（图 13.5）退役。

图 13.3　"米特罗凡·莫斯卡伦科"号船坞登陆舰

该舰负责海上补给和部队与装备的登陆。军用物资通过舰首门跳板运送至岸，也可以由登陆小艇经过坞舱进水运送。

图 13.4　1982 年航行中的"伊万·罗戈夫"号船坞登陆舰

图 13.5　"亚历山大·尼古拉耶夫"号船坞登陆舰

"伊万·罗戈夫"级有舰首门跳板和坞舱，可以作为一艘坦克登陆舰或船坞登陆舰使用。一种典型装载是能够运送一个520人的营和25辆坦克。如果坞舱也用来停放车辆，则可以携带多达53辆坦克或者80辆装甲运兵车，也可以携带2500吨的货物。

坦克甲板的长54米、宽12.3米、高5米，为军用物资的运送至舰首门跳板提供了660米^{2}的面积。船坞出入口位于舰尾，能够沉入水中以便使用登陆艇。船坞尺寸为长67.5米、宽12.3米、高10米。

舰首登陆装置包括船头出入口和长约32米的可伸缩搭板，行进时在上甲板下面，通过液压传动装置移动。在运送未携带浮游装备的人员登陆时，可以在敌方未布防的沿岸地带直接登陆，在水深不超过1.2米的浅滩架上搭板，最大底坡度为2~3°，具体坡度由舰上总体载质量决定。在运送漂浮装备时，可以不靠岸，船坞舱可运载6艘1785级或1176"鲨鱼"级登陆艇，或者3艘1206"鱿鱼"级或11770"岩羚羊"级气垫登陆艇。

该级舰首楼短小，其上有3座双联装76毫米炮；桥楼高大，大约长50米、高15米，主要用来布置机库和住舱。桥楼顶上有烟囱、桅杆等。首楼和桥楼之间为直升机甲板。船体内部主要为坞舱和坦克舱，两者由一个斜坡相连。在坞舱和坦克舱下面布置有机舱、压载舱、弹药舱和燃油舱等。加之舰首设有首门与跳板，与西方同类舰布置不同，反映了苏联在舰艇设计方面的新颖思想。

13.2.2　性能参数

标准排水量：11580吨

满载排水量：14060吨

舰长：157米

舰宽：23.8米

吃水：6.7米

航速：19节

续航力：7500海里（14节）

编制员额：239名

动力系统：2台M8K燃气轮机，总功率29400千瓦，双轴推进

登陆艇：3艘"天鹅"级气垫登陆艇或6艘"麝"级机械化登陆艇

装载能力：522名（1个营）陆战队队员，20辆坦克或等重的小型沿海运输船和卡车

武器装备：1座双联装SA-N-4"壁虎"舰空导弹发射装置（共20枚导弹），2座四联装SA-N-5"杯盘"舰空导弹发射装置，1座AK-726双联装76毫米火炮（各1000发子弹），1座BM-21型122毫米炮（海军型，带320枚火箭弹），2

座 20 管火箭发射装置，4 座 6 管 AK630 型 30 毫米火炮（带有 16000 发子弹）

雷达：1 部"顶网"C（前口艘舰）和"半板"（第 3 艘舰）对空/对海搜索雷达，2 部"顿河"或"棕榈叶"导航雷达，1 部"枭鸣"炮瞄雷达（76 毫米火炮），2 部"歪椴树"炮瞄雷达（30 毫米火炮），1 部"突现群"火控雷达（SA-N-4 导弹），1 部"飞屏"舰载机进场控制雷达，1 部"高杆"B 和"盐罐"B 敌我识别雷达，2 部"圆屋"战术导航雷达

火控系统：2 部"压力箱"光学指挥仪

电子战系统：4 座 10 管干扰火箭发射装置，3 部"罩钟"侦察机和 2 部"座钟"干扰机

直升机：4 架卡-29 或卡-27 直升机

13.2.3 同级舰

该级舰建造 3 艘，3 艘均已退役，见表 13.2。

表 13.2 "伊万·罗戈夫"级船坞登陆舰情况

序号	舷号	名称	铺设龙骨	服役	备注
1	084	伊万·罗戈夫（IvanRogov）	1973.09	1978.06.15	1995.08.04 退役
2	057	亚历山大·尼古拉耶夫（AleksandrNikolayev）	1976.03	1982.12.30	1997 年退役，储备
3	020	米特罗凡·莫斯卡伦科（MitrofanMoskalenko）	1984.05	1990.09.23	2002 年退役，储备

注：俄罗斯舰艇会经常更换舷号，表中是退役前的舷号，"伊万·罗戈夫"号先后使用舷号 556、111、120、884、110、050、132、099、113 和 084，"亚历山大·尼古拉耶夫"号先后使用舷号 110、050、084、067、074 和 057，"米特罗凡·莫斯卡伦科"号先后使用舷号 016、107、028 和 020。

13.3 "蟾蜍"级坦克登陆舰

13.3.1 简介

"蟾蜍"（Ropucha）级坦克登陆舰是俄罗斯海军的一级大型登陆舰，是在 1965 年开始建造的首批大型登陆舰"鳄鱼"级基础上改进而来，项目代号 775。有两个型号：Ⅰ型舰共建 25 艘，在波兰的格但斯克船厂建成，建造分两段时间进行，一段是 1974—1978 年，另一段是 1980—1988 年；Ⅱ型舰共建 3 艘，两型舰主要是武器装备略有不同。

"蟾蜍"级登陆舰是为登陆海滩而设计的，能够运载500吨货物。舰上都有装卸车辆的舰首门和舰尾门，630 米^2 的车辆甲板延伸至整个船身，可装载装甲运兵车达25辆。该级舰为平甲板船型，采用了滚装设计，易于直接抢滩登陆，独立作战能力强，由于"蟾蜍"级的落后，导致俄罗斯海军陆战队只能采用传统的冲滩战术进行两栖登陆作战。

滚装作业时，该舰也可用坞舱边的起重机装货物。为此，在舰首部坞舱上设计滑动舱盖，可作为车辆进出的甲板。本级舰上没有直升机设施。

本级舰共建造28艘，分别于1975—1991年服役。最后3艘是升级版，项目代号775M，也称为"蟾蜍"Ⅱ级。为了增加的士兵数量，这些舰升级了防卫武器、改善了居住环境。

"蟾蜍"级登陆舰是冷战时期为苏联海军建造的，如今，俄罗斯海军很少需要这种远距离的两栖运载工具，因此大部分都处于备用或退役状态。然而，2008年南奥塞梯战争期间，本级舰在格鲁吉亚的波蒂港用来运载登陆部队。

本级舰中的"康斯坦丁·欧宣斯基"（Kostiantyn Olshansky）号舰（BDK－56，舷号154）于1996年1月10日转给乌克兰海军服役（舷号改为U402），另一艘舰（SDK－119）1979年9月转让给南也门，且该舰在也门海军一直服役到2002年，之后，又作为民用货艇转卖，重新命名为"也门山姆"（Sam of Yemen），这艘舰仍在服役，这也是本级舰中唯一一艘在苏联境外服役的舰艇。

13.3.2 性能数据

标准排水量：2200吨

满载排水量：4080吨

舰长：112.5米

舰宽：15米

吃水：3.7米

航速：18节

续航力：6100海里（15节）

编制员额：98人（含军官9人）

装载能力：200名士兵、10辆主战坦克，或170名士兵、24辆装甲战斗车，或500吨货物

动力系统：2台16ZVB 40/48柴油机，持续功率14.14兆瓦，双轴推进

武器装备：4座四联装SA－N－5"杯盘"舰空导弹发射装置（至少2艘舰装有该种导弹，动瞄准，红外寻的，射程为6千米，飞行速度为马赫数1.5，飞行高度可达2.5千米，战斗部质量为1.5千克，共32枚导弹），2座双联装57毫米AK－257火炮（I型舰，仰角为85°，射速为120发/分钟，射程为6千米，弹质量为2.8千

克），1 座 76 毫米 AK–176 火炮（Ⅱ型舰，仰角为 80°，射速为 60 发/分钟，射程为 15 千米，弹质量为 6.8 千克），2 座 30 毫米 AK–630 火炮（Ⅱ型舰），2 座 122 毫米 BM21 炮，2 座 20 管装火箭发射架（射程为 9 千米），92 枚触发水雷

火控系统：2 部"牌箱"光学指挥仪，"帽闪"和"单箱"火控系统

雷达："撑曲面"（Ⅰ型舰）或"十字罩"（Ⅱ型舰）对空/对海搜索雷达，F 波段；"顿河"2 或"纳亚达"导航雷达，I 波段；"皮手笼"炮瞄雷达（Ⅰ型舰），G/H 波段；"歪椴树"火控雷达（Ⅱ型舰），H/I 波段

13.3.3 同级舰

该级舰计划建造 28 艘，在役 15 艘，部分舰见图 13.6~图 13.9，具体见表 13.3。

图 13.6 "亚速"号坦克登陆舰

图 13.7 "佩列斯韦特"号坦克登陆舰

图 13.8 "科罗廖夫"号坦克登陆舰

图 13.9 "明斯克"号坦克登陆舰

表 13.3 "蟾蜍"级坦克登陆舰情况

序号	舷号	名称	下水	服役	备注
1	012	戈尔尼亚克（Olenegorskiy Gornyak）		1976.06.30	775I，I型
2	027	孔达波哥（Kondopoga）		1976.11.30	775I，I型
3	031	亚历山大·奥特拉科夫斯基（Aleksandr Otrakovskiy）		1978.07.30	775I，I型
4	066	奥斯拉巴（Oslyabya）		1981.12.19	775Ⅱ，I型
5	055	海军上将（Admiral Nevelskoy）		1982.09.28	775Ⅱ，I型

(续)

序号	舰号	名称	下水	服役	备注
6	127	明斯克（Minsk）		1983.05.30	775Ⅱ，Ⅰ型
7	102	加里宁格勒（Kaliningrad）		1984.12.09	775Ⅱ，Ⅰ型
8	016	圣乔治（Georgiy Pobedonosets）		1985.03.05	775Ⅱ，Ⅰ型
9	110	亚历山大·沙巴林（Aleksandr Shabalin）	1985.06.11	1985.12.31	775Ⅱ，Ⅰ型
10	158	塞萨·库尼科夫（Tsesar Kunikov）		1986.09.30	775Ⅱ，Ⅰ型
11	142	新切尔卡斯克（Novocherkassk）	1987.04.17	1987.11.30	775Ⅱ，Ⅰ型
12	156	亚马尔（Yamal）	1988	1988.04.30	775Ⅱ，Ⅰ型
13	151	亚速（Azov）	1989.05.19	1990.10.12	775M，Ⅱ型
14	077	佩列斯韦特（Peresvet）		1991.04.10	775M，Ⅱ型
15	130	科罗廖夫（Korolev）	1990.11.16	1991.07.10	775M，Ⅱ型

13.4 "鳄鱼"级坦克登陆舰

13.4.1 简介

"鳄鱼"（Alligator）级坦克登陆舰为苏联海军建造的一级通用、可抢滩的登陆舰，项目代号1171，俄罗斯称为"貘"（Tapirclass）级，"鳄鱼"是西方的叫法。"萨拉托夫"（Saratov）号是该级的首舰，又称BDK-65，1964年7月下水，1966年服役，一些舰参加了2008年的南奥赛梯战争。

1171项目设计是1959年由海军启动的，而类似的两用项目1173由民用运输部门订购。最终，两个项目融合在1171项目之下，结果，该级舰是军用（注重航速和生存性）和民用（注重燃油经济性）的组合体。设计团队提出了四个不同的设计方案，海军选择了动力最强劲、航速最快的设计，但燃油经济性最差，民用运输部门收回了项目计划。所有舰船均有海军使用，没有投入商业航线。

该项目原计划建造15艘，最终建造了14艘，全部在1964—1975年完成服役，1992—1996年全部退役。2008年9月，2艘舰"奥尔斯克"（Orsk）号和"萨拉托夫"（Saratov）号重新加入黑海舰队197登陆舰大队服役。2014年3月，又有1艘"尼古拉·菲钦托"（Nikolay Filchenkov）号（图13.10）入黑海舰队197登陆舰大队服役，1艘"尼古拉·维尔科夫"（Nikolay Vilkov）号加入太平洋舰队100登陆舰大队服役。目前，"奥尔斯克"号在进行维修。

第二批有较大改动，取消前后吊车，只保留中部1台，在原吊车处设甲板班室，船体加长 10 米，用于安装一台起重机，在加长区尾部甲板下设住舱，改善了居住条件，增加了 1 部导航雷达。

图 13.10　"尼古拉·菲钦托"号登陆舰停靠在塞瓦斯托波尔港
（苏联克里米亚半岛西南岸港市）

13.4.2　性能参数

标准排水量：3400 吨

满载排水量：4360～4700 吨

舰长：113 米

舰宽：15.3～15.6 米

吃水：4.5 米

航速：18 节

续航力：10000 海里（15 节）

编制员额：100 人

装载能力：300 名士兵，20 辆坦克或 40 辆装甲战车，或各种车辆、物资 1700 吨

动力系统：2 台柴油机，功率 6.7 兆瓦，双轴推进

武器装备：2 座或 3 座双联装 SA-N-5 "杯盘"舰空导弹发射装置（手动瞄准，红外寻的，射程为 6 千米，飞行速度为马赫数 1.5，飞行高度为 2.5 千米，战斗部质量为 1.5 千克，共 16 枚导弹），2 座双联装 25 毫米 L80 火炮（仰角为 85°，射速为 270 发/分钟，射程为 3 千米，弹质量为 0.34 千克），1 座 122 毫米 BM-21，2 座 20 管装火箭发射炮（Ⅲ型和Ⅳ型舰，射程为 9 千米）

火控系统：1 部"牌箱"光学指挥仪（Ⅲ型舰和Ⅳ型舰）

雷达：2 部"顿河"Ⅱ对海搜索雷达，Ⅰ波段

飞行设施：无机库和起降平台

13.4.3 同级舰

该级舰计划建造 15 艘，分成 4 个建造批次，实际建造 14 艘，见表 13.4。其中，1 艘转给乌克兰，大部分退役，目前有 4 艘仍在役。

表 13.4　"鳄鱼"级登陆舰

序号	舰号	名称	下水	服役	备注
1-1	150	萨拉托夫（Saratov）	1964.07.01	1966.08.18	在役
1-2	144	克里米亚·共青团员（Krymskiy komsomolets）	1965.02.15	1966.12.30	1992.03.19 转为商用货船，1995 年解体
1-3	093	托木斯克·共青团员（Tomskiy komsomolets）	1966.03.26	1967.09.30	1994.07.05 退役
1-4	023	科列利·共青团员（Karelii Komsomolets）	1967.03.01	1967.12.29	1997.12.01 退役
2-1	085	谢尔盖·左拉（Sergey Lazo）	1967.08.28	1968.09.27	1994.07.05 退役
2-2	148	奥尔斯克（Orsk）	1968.02.29	1968.12.31	在役
3-1	099	共青团助手 50 周年（50let shefstva Vlksm）	1968.08.31	1969.09.30	1994.07.05 退役
3-2	119	顿涅茨矿工（Doneckiy shakhter）	1969.03.10	1969.12.31	2002.04.10 退役
3-3	115	红色·普列斯尼亚（Krasnaya Presnya）	1969.10.11	1970.09.30	1993.06.30 转为商用货船，后在海中沉没
3-4	146	伊利亚·阿托罗沃（Ilya Azarov）	1970.03.31	1971.06.10	1996.01.10 转给乌克兰海军（U762），2004 年转民用
3-5	062	亚历山大·托尔采夫（Alexandr Tortcev）	1970.11.27	1971.12.31	1994.07.05 退役
3-6	044	彼得·伊利切夫（Petr Ilyichev）	1971.08.30	1972.12.29	1993.06.30 退役
4-1	081	尼古拉·维尔科夫（Nikolay Vilkov）	1973.11.30	1974.07.30	在役
4-2	152	尼古拉·菲钦托（Nikolay Filchenkov）	1974.01.30	1975.12.30	在役
4-3		尼古拉·格鲁勃科夫（Nikolay Golubkov）			取消建造合同

注：其舰号经常更改，表中舰号是最后使用的舰号。

第十四章 日本海上自卫队

14.1 "三浦"级坦克登陆舰

14.1.1 简介

"三浦"(Miura-class,みうら)级坦克登陆舰是当时日本海上自卫队最大的坦克登陆舰,共建有3艘,由日本东京石川岛播磨重工业公司研制,首舰"三浦"号于1973年(昭和48年)11月26日开工,1975年建成服役,舰号LST-4151(图14.1)。

图14.1 "三浦"号坦克登陆舰

日本于 1992 年参加联合国在柬埔寨的维和行动，2 艘"三浦"级登陆舰用于运送工程机械、人员，并充当部队营地。"三浦"级坦克登陆舰排水量太小，使用不便，最终确定建造标准排水量 8900 吨的"大隅"级登陆舰以代替"三浦"级坦克登陆舰。2002 年，"三浦"级坦克登陆舰全部退役。

14.1.2　性能参数

标准排水量：2000 吨

满载排水量：3200 吨

舰长：98 米

舰宽：14 米

型深：7.8 米

吃水：3 米

航速：14 节

续航力：4300 海里（12 节）

编制员额：115 人

动力系统：2 台川崎 – 曼恩公司的 V8V22/30ATL 柴油机，功率 2.94 兆瓦，双轴推进

登陆艇：2 艘人员登陆艇，2 艘气垫登陆艇

装载能力：200 士兵，10 辆 74 式主战坦克

武器装备：1 座"博斯福"双联装 40 毫米/70 口径 Mk1 型舰炮，两座 76 毫米 50 倍口径火炮

雷达：OPS9 导航雷达，I 波段；三菱 OPS14 对空雷达；OPS18 对海雷达，D/G/H 波段

14.1.3　同级舰

该级舰共建造 3 艘，见表 14.1，目前已经全部退役。图 14.2、图 14.3 分别是"牡鹿半岛"号和"萨摩"号坦克登陆舰。

表 14.1　"三浦"级坦克登陆舰情况

序号	舷号	名称	下水	服役	备注
1	LST – 4151	三浦（Miura，みうら）	1974.08.13	1975.01.25	2000.04.07 退役
2	LST – 4152	牡鹿半岛（Ojika，おじか）	1975.09.04	1976.03.22	2001.08.10 退役
3	LST – 4153	萨摩（Satsuma，さつま）	1976.05.12	1977.02.17	2002.06.28 退役

图 14.2 "牡鹿半岛"号坦克登陆舰

图 14.3 "萨摩"号坦克登陆舰

14.2 "大隅"级坦克登陆舰

14.2.1 简介

"大隅"（Ōsumi）级坦克登陆舰设计方案于 1992 年提出，1993 年获得通过，并于 1993 年 10 月与三井重工的玉野造船厂签下首艘"大隅"号的建造合约，1994 年

10月开工，1995年12月安放龙骨，1996年11月下水，1998年3月服役。"大隅"级坦克登陆舰实际上为两栖船坞登陆舰，而日本海上自卫队仍称其为坦克登陆舰，但它没有传统的登陆舰的前首门和抢滩功能，所以从功能上，它们更像船坞登陆舰（LSD）或两栖船坞运输舰（LPD），如图14.4所示。

图14.4　"大隅"号坦克登陆舰

日本海上自卫队的两栖运输舰艇主要作运输调度舰使用，而海上自卫队最早的运输舰是接收自美国的"郡"（County）级坦克登陆舰，后来，日本自行建造的"渥美"级坦克登陆舰和"三浦"级坦克登陆舰，其尺寸、吨位、设计也与"郡级"相似，都为标准排水量2000吨、满载排水量约4000吨。20世纪70年代"三浦"级建造时，日本防卫厅开始规划下一代运输舰，起初设计类似放大版的"郡"级，标准排水量约3000吨，同样采用舰首开口式设计以让战车、人员直接抢滩登陆。随后日本海上自卫队在1986—1990年度计划中提出2艘3500吨级船坞登陆舰的建造方案，搭配现有的登陆舰，组成2个两栖战斗群，每群由1艘新造船坞登陆舰与3艘既有运输舰组成，每个战斗群能搭载一个加强营的兵力，不过这个牵涉到海外兵力投送的敏感提案最后遭到否决。1989年，日本海上自卫队提出新的两栖舰艇建造方案，打算建造一艘排水量5600吨的运输舰，并以其为核心组建一个两栖战斗群。此种5600吨的运输舰采用类似意大利的"圣·乔治奥"（San Giorgio）级两栖攻击舰的设计，兼具施放登陆载具与搭载直升机的功能。不过此案最后仍没有获得通过。

1992年，日本国会通过"国际平和协立法"，允许自卫队参与联合国维和行动（PKO）之后，日本自卫队在20世纪90年代进行了多次海外人道主义救援及维和任

务；在 1992 年的柬埔寨维和行动中，海上自卫队派遣 2 艘"三浦"级载运自卫队工兵与监视人员前往柬埔寨，任务期间就发现"三浦"级这样"开口笑"传统 LST 的船型与吨位都不适合在大洋上进行长距离航行。此外，由于舰体规模太小，当时"三浦"级、"渥美"级运输能力也明显不符合这类任务的需求，导致日本自卫队需租借民间运输船只来运送随行的重装备。在此情况下，适航性能好且具有足够运输能力的大型两栖舰艇就成为日本海上自卫队急需的装备。因此，在柬埔寨任务后不久，前述的 5600 吨运输舰计划便被更改为向海外派遣部队的母舰，基准排水量大幅增至 8900 吨，满载排水量达 13000 吨，成为不折不扣的大型舰艇。

14.2.2 结构特点

"大隅"级的设计规格与能力等同于船坞运输舰（LSD），与先前的"渥美"级和"三浦"级大不相同。为了降低成本，"大隅"级的舰体按照"日本海事检定协会钢铁船舶标准"中的商船作为建造基准。其外形设计经过隐身考虑，舰体、舰岛的线条与"金刚"级驱逐舰、"村雨"级护卫舰一样力求简洁、单纯化，并采用倾斜的表面以降低雷达反射截面积（RCS）。采用向上渐缩的合金制全密封式主桅，进一步降低雷达反射截面积。由于主桅内部常常有人上下进出，因此主桅上一切雷达位置的后方都装有电磁防护装甲，以保护人员的健康。

动力系统方面，"大隅"级采用三井（Mitsui）重工制造的 16V42MA 柴油机，航速达 22 节；此外，舰首设有一个辅助推进器。由于抢滩登陆并非需求，"大隅"级的舰首由原先预定的开口式改为一般的传统式，以利于高速航行。本级舰舰岛总共有 4 层，其中 03 甲板最前端是舰桥，02 甲板后方左侧则是直升机管制室。"大隅"级最主要的自卫武器是 2 门分别位于舰岛前后方的 Mk-15 密集阵近程火炮；此外，本级舰还配备日本自制的雷达、电子战系统与美制 Mk-36 SRBOC 干扰弹发射器。由于本级舰大量引用最新科技，自动化程度甚高，故全舰仅编制 135 名官兵。

"大隅"级的全通甲板长 120 米、宽 23 米，总面积达 3604 米^2，最多可并排停放 6 架直升机，不过只在舰尾规划了两个直升机起降点，因此只能同时供 2 架 CH-47 运输直升机或 CH-53 运输直升机进行作业，与美国"塔拉瓦"级两栖突击舰、"黄蜂"级两栖攻击舰的飞行甲板一次可同时让 9 架直升机操作的能力完全无法相提并论；此外，"大隅"级并没有下甲板机库以及相关的直升机支援维修设施，所以无法让直升机常驻舰上（只能暂时停放于露天甲板上），也无法为降落在舰上的直升机进行维修保养。前 2 艘"大隅"级仅在直升机甲板铺设防滑表面，将车辆停放于甲板前半部分区域时遭遇了不少困扰，所以本级舰从第 3 艘"国东"号（LST-4003）起在整个舰面甲板都敷设防滑表面。

2013 年（平成 25 年）6 月 14 日举行的美日共同演习中，美国海军的"鱼鹰"旋翼飞机 MV-22B 在"下北"号上成功着舰（图 14.5）。

图 14.5　MV-22B 型旋翼飞机在"下北"号上着舰

"大隅"级内设有一个舰尾坞舱,长 60m、宽 15m,可容纳两艘气垫登陆艇(LCAC),如图 14.6 所示,其进出则经由一个与美国两栖直升机突击舰类似的向下开启式大型舰尾坞门。由于"大隅"级不具备让舰体下沉使海水进入舰内坞舱的泛水能力,因此就只能操作气垫登陆艇(LCAC),无法让传统排水登陆艇进出坞舱。舰岛末端装有一具大型起重机,用于登陆载具的物资吊运装卸。

图 14.6　LA-02 型气垫登陆艇(LCAC)

此外，舰内设有一个面积达 2185 米² 的大型车库甲板，长度由舰首一直延伸到舰体中段；车库甲板前段左右舷处各设有一个大型跳板舱门，供车辆直接进出车库，故此级舰具备滚装功能。两舷车辆进出口前均设有大型旋转盘，车辆自装载门驶入货舱甲板之前先通过旋转盘调整方向，如此便能避免履带车辆进入货舱后还得原地回转，对货舱甲板造成损害；此外，货舱甲板可直通舰尾的坞舱。舰岛前后方各有一座直通下方货舱甲板的升降机，用以运输车辆等重物，其尺寸为 14 米×6 米，前部电梯的载货能力为 20 吨，后部电梯的载货能力为 15 吨。本级舰的货物载运能力相当可观，可搭载 330 人的部队、10 辆日本 90 式主战坦克或 18 辆 74 式坦克，或 1400 吨的货物，可装载大型卡车 65 辆。

舰桥内第一甲板还设有手术室、牙科治疗室、集中治疗室（2 病床）和病房（6 病床），设施齐全。当作为两栖作战使用时，能充实医疗能力。

14.2.3　性能参数

标准排水量：8900 吨

满载排水量：14000 吨

舰长：178.0 米

舰宽：25.8 米

型深：17.0 米

吃水：6.0 米

航速：22 节

编制员额：船员 135 名，138 名（LST-4002、LST-4003）

动力系统：2 台三井造船 16V42MA 型 V 型 16 缸柴油发动机，总功率 19110 千瓦，双轴推进，1 具船首推进器

登陆艇：2 艘气垫登陆艇

装载能力：330 名作战人员，10 辆 90 式主战坦克，或 1400 吨物资

武器装备：2 座 Mk15 密集阵 6 管 20 毫米近程防空火炮，2 挺 12.7 毫米机枪

雷达：OPS-14C 对空搜索雷达，OPS-28D 海面搜索雷达，OPS-20 导航雷达

电子战系统：4 具 Mk137 雷达干扰丝发射器

舰载机：飞行甲板可停靠 CH-47 或其他各型海上自卫队直升机 8 架

飞行设施：无机库，舰岛后设 2 个直升机起降点

14.2.4　同级舰

海上自卫队最初预计建造该级舰 6 艘，分成 2 批各 3 艘，不过至今只建造了第一批 3 艘，见表 14.2。依照日本海上自卫队的命名规则，身为输送舰的"大隅"级采用岛名作为命名准则（大隅群岛、下北半岛、国东半岛）。图 14.7、图 14.8 分别

是"国东"号和美国医院船"仁慈"（Mercy）号及"下北"号登陆舰。

表 14.2 "大隅"级坦克登陆舰情况

序号	舰号	名称	下水	服役	备注
1	LST-4001	大隅（Ōsumi，おおすみ）	1996.11.18	1998.03.11	在役
2	LST-4002	下北（Shimokita，しもきた）	2000.11.29	2002.03.12	在役
3	LST-4003	国东（Kunisaki，くにさき）	2001.12.13	2003.02.26	在役

图 14.7 "国东"号和美国医院船"仁慈"号

图 14.8 "下北"号登陆舰

14.3 "日向"级直升机驱逐舰

14.3.1 简介

"日向"（Hyūga，ひゅうが）级直升机驱逐舰是日本海上自卫队旗下的大型直通甲板直升机驱逐舰（DDH）。有别于日本原本拥有的"榛名"级与"白根"级直升机护卫舰，舰身构造较为接近配置有可供直升机起降的大型甲板与机库的驱逐舰，而"日向"级拥有与他国海军直升机航空母舰乃至于轻型航空母舰接近的舰体构造、功能与吨位。在后续的"出云"级登场前，"日向"级是日本在第二次世界大战结束、帝国海军解散后所建造的排水量最大的军舰。新舰由海上自卫队设计，石川岛播磨重工业公司负责建造。根据其预算编列年度，"日向"级首舰"日向"号在建造时的，曾使用过16DDH（平成16年）的暂时代号。该级命名采用古国名，即日向国和伊势国，分别是现在的宫崎县和三重县，继承了第一次世界大战期间建造、第二次世界大战期间服役的"伊势"级战舰的2艘舰名。

设计原则依照小型航空母舰或两栖攻击舰，与此设计方式相似的还有意大利海军13850吨的"加里波底"号航空母舰、西班牙海军17000吨的"阿斯图里亚斯亲王"号航空母舰，以及英国海军21000吨的"无敌"级航空母舰。"日向"级的主要任务定位在直升机反潜战，但装备了指挥管制系统，在必要时可作为舰队旗舰指挥之用。

14.3.2 结构特点

"日向"级采用全通式甲板设计，可同时进行3架直升机起降作业，虽然外界对全通式甲板是否能操作垂直起降型飞机（例如F-35B）有着争议，但是海上自卫队称，"日向"级在设计时没有考虑垂直起降型飞机操作。此外"日向"级也没有安装滑跳甲板或弹射装备操作传统固定翼飞机。

"日向"级的舰体总共分为7层甲板，舰体前段设有下甲板机库，长度125米，挑高占2层甲板，并由一道防火门划分为第一、第二机库；机库后方是航空机维修甲板，挑高占3层甲板；前段与后段舰体中轴线上，各有一台直升机升降机。飞行甲板下方的第二甲板是综合功能区，设置了舰船战情控制中心、军官生活起居空间与医疗设施；此外，还有一间多用途规划区，平时并无任何设施，舱壁上设置三面50英寸液晶显示屏与若干较小的平面显示器，并设有一具多功能终端机，多用途规划区可用来容纳舰队司令部的人员，或设置舰队作战中心，而在人道救灾、撤侨等作业中，也可供民间人员作为行动指挥中心，或者用来收容难民。

舰岛前后方靠近舰体中线处，各设有一座大型直升机升降机，采用液压电力操作，前升降机长 20 米、宽 10 米，后升降机长 20 米、宽 13 米，两者载重能力皆为 30 吨，能载运重型直升机（乃至 MV-22 倾转翼旋翼机）与甲板勤务车辆。舰体两侧分别各设有数处开口，位于舰体中段两舷各有一个开口用来容纳高速橡皮突击艇，舰体后段两舷也各有一个开口来收容舰载小艇，这些开口平时以机械化升降的网帘与外部隔绝，降低雷达截面积，这些开口与舰内也以水密舱门封闭，不影响水密性能。

为了降低雷达截面积，"日向"级不仅采用倾斜的上层结构设计、封闭式轻型合金桅杆以及较为简洁的舰体轮廓外形，细部结构也进行了降低雷达截面积的设计，如侧舷许多开口设置遮帘，舷外充气救生艇外部也有平板遮蔽。"日向"级自动化程度极高，编制 340 名人员，比现役"白根"级和"榛名"级直升机驱逐舰都要少。值得一提的是，"日向"级编制有 17 名女性官兵，这是日本海上自卫队首度在第一级作战舰艇上编制女性人员。

14.3.3 性能参数

标准排水量：13950 吨

满载排水量：19000 吨

舰长：197.0 米

舰宽：33.8 米

吃水：7.0 米

航速：30 节（最大）

续航力：6000 海里（20 节）

编制员额：340 人（"日向"号），371 人（"伊势"号）

动力系统：4 台 LM2500 燃气涡轮发动机，总功率 73500 千瓦，双轴推进

武器装备：2 座 8 单元 Mk41 垂直发射系统（可装 16 枚"海麻雀"防空导弹（ESSM）），12 枚 RUM-139 VL 型 ASROC 反潜火箭，2 具 3 联装 324 毫米鱼雷管，2 座 Mk-15 型 20 毫米近程防空系统，7 挺 12.7 毫米机枪，2 套 3 联装 324 毫米 HOS-303 鱼雷发射器，4 套 6 联装 Mk-36 干扰弹发射器

侦搜设备：OQQ-21 主/被动舰首整合声纳系统，1 台 FCS-3 改 3D 主动相控阵对空搜索/火控雷达，1 台 OPS-20C 对海搜索/导航雷达

作战系统：1 套 OYQ-10 先进战术指挥系统（ACDS）

舰载机：3 架 SH-60K 反潜直升机，1 架 MCH-101 扫雷/运输直升机

飞行设施：机库（可容纳 11 架各型海上自卫队直升机），3 个起降点

14.3.4 同级舰

该级舰共建造 2 艘，见表 14.3。该级舰以日本的古国命名，分别是日向国和伊势国。由于海上自卫队现有的舰队都会配备直升机护卫舰作为指挥旗舰用，"日向"

级的数量只够替换"榛名"级,"白根"级的空缺则定由 2012 年建造的 2 艘 19500 吨级的"出云"级直升机护卫舰替换。图 14.9 和图 14.10 分别是"日向"号和"伊势"号直升机驱逐舰。

表 14.3　"日向"级直升机驱逐舰

序号	舷号	名称	下水	服役	备注
1	DDH–181	日向（Hyūga，ひゅうが）	2007.08.23	2009.03.18	在役
2	DDH–182	伊势（Ise，いせ）	2009.08.21	2011.03.16	在役

图 14.9　"日向"号直升机驱逐舰

图 14.10　"伊势"号直升机驱逐舰

14.4 "出云"级直升机护卫舰

14.4.1 简介

"出云"（Izumo，いずも）级直升机护卫舰是日本海上自卫队旗下的新一级直升机护卫舰舰级，计划用于取代20世纪80年代初期即开始服役、已老旧化的"白根"级。相较于之前的"日向"级，"出云"级在设计上更容易改装为搭载F35B固定翼舰载机的轻型航空母舰，是日本海上自卫队最大的水面作战舰艇。2009年11月23日，日本防卫省首次宣布该级舰的建造计划，其主要使命是反潜作战，但也同样考虑维和与救灾行动。首舰由石川岛播磨重工业公司建造，造价约12亿美元，2013年8月6日，在日本神奈川县横滨市举行下水典礼（图14.11），于2015年3月25日正式交付海上自卫队服役。

"出云"级虽然名义上是护卫舰，但在功能与定位上比较接近其他国海军的直升机航空母舰，这是由于日本战后宪法限制该国不能拥有海军，只能配属防卫用途的海上自卫队，配合此限制，日本所拥有的大型作战舰艇一律称为"护卫舰"，"出云"级也包含在其中。

图14.11 "出云"号直升机护卫舰开始海试

14.4.2 结构特点

与"日向"级直升机驱逐舰相比，虽然"出云"级的吨位与功能增加，但为了控

制预算，弱化了"出云"级的侦察能力与自卫能力。FCS-3系统只保留对空搜索的OPS-50雷达，取消了垂直发射模组与射控雷达组件；声纳只保留了舰首的OQQ-23，取消了OQQ-21船体声纳。

"出云"级护卫舰是海上自卫队所拥有的最大的船舶类型，已超过第二次世界大战时日本帝国海军所操作的"飞龙"号航空母舰（标准排水量17300吨，满载排水量20165吨，全长227.35m），并与当时美国海军的"约克城"级航空母舰相当（标准排水量19800吨，全长247米）。

与现代的同类舰只相比，"出云"级的规模已超过意大利海军轻型航空母舰"加富尔"号和西班牙海军的"胡安·卡洛斯一世"号航空母舰。

这级舰最多能容纳28架直升机，但是只配置有7架反潜直升机和2架直升机。飞行甲板上有5个直升机降落点，并允许同时降落或起飞。另外，作为投送舰，还可装载400名作战人员和50辆73式重型卡车（或同等设备），航空自卫队的PAC-3地空导弹系统；作为补给舰，携带油料3300米^3，可为其他舰实施海上油料补给；作为医院船，有手术室、35张病床等医疗设施。

14.4.3 性能参数

标准排水量：19500吨

满载排水量：27000吨

舰长：248米

舰宽：38米

型深：33.5米

吃水：7.5米

航速：30节（最高）

编制员额：约970名（包括输送人员）

动力系统：全燃联合动力装置，4台LM2500IEC型燃气涡轮发动机，总功率84000千瓦，双轴推进

武器装备：2具"海拉姆"防空导弹系统，2具20毫米密集阵近程武器系统（CIWS）

侦搜设备：1套OQQ-23船首声纳，1套OPS-50主动电子扫描阵列对空搜索雷达，1套OPS-28对海搜索雷达，1套导航雷达

电子战系统：1套NOLQ-3D-1EW电子战系统，1套MK-36干扰弹发射器，反鱼雷诱饵，浮动声干扰器

作战系统：1套OYQ-12战术指挥系统，1套FCS-3火控系统

舰载机：7架SH-60K反潜直升机，2架MCH-101搜救直升机

飞行设施：机库（最多28架各型直升机）

14.4.4 同级舰

该级舰计划建造 2 艘,均已服役(图 14.12 和图 14.13),见表 14.4。

图 14.12 "出云"号直升机护卫舰

图 14.13 夜幕下的"加贺"号直升机护卫舰

表 14.4 "出云"级直升机护卫舰情况

序号	舰号	名称	龙骨铺设	下水	服役
1	DDH-183	出云(Izumo,いずも)	2012.01.27	2013.08.06	2015.03.25
2	DDH-184	加贺(kaga)	2013.10.07	2015.08.27	2017.03.22

第十五章 韩国海军

15.1 "短吻鳄"级坦克登陆舰

15.1.1 简介

"短吻鳄"级坦克登陆舰是西方对其"高俊峰"（Go jun bong）级坦克登陆舰的称呼。在20世纪80年代后期，韩国海军为了取代1958年从美国海军接收的第二次世界大战期间建造的"郡"（County）级坦克登陆舰（LST-542），制定了一个三阶段发展计划，研制满足现代登陆作战和运输的登陆舰。第一阶段是LST-I项目，1987年开始，由韩国塔科马（Tacoma）公司，即现在的韩进重工设计建造，经过4年的研制，首舰"高俊峰"（Go jun bong）号（舷号LST-681）于1991年下水，到1998年共完成了4艘的建造，图15.1为"高俊峰"号坦克登陆舰。

图 15.1 "高俊峰"号坦克登陆舰

15.1.2 结构特点

"高俊峰"级的设计是基于美国海军的 LST-542 级，构型相当传统，除了在舰尾增设直升机甲板、上层结构容积变大等较具新意之外，其余特征如平底、大型舰首跳板门等均与"郡"级老式的 LST-542 级设计相同，本级也能提供人道救援任务。

该级舰设置了舰首和舰尾跳板门，可供人员、坦克和装备一起登陆，还设置有转台，车辆装载或登陆时可以节约时间。同时还设计了一个斜坡，卡车可通过其移动到甲板上，多部电梯可用于物资的快速装载。

15.1.3 性能数据

标准排水量：2600 吨

满载排水量：4300 吨

舰长：112.7 米

舰宽：15.4 米

吃水：3.1 米

航速：16 节（最大），12 节（巡航）

续航力：4500 海里（12 节）

编制员额：121 人

动力系统：2 台 SEMT-PL 16PA6-V280 柴油机，9400 千瓦，双轴推进

武器装备：4 门 BOFORCE L70K 型 40 毫米自动舰炮（682、683、685）或 4 门 Emerlec 30 毫米自动舰炮（681），2 门 6 管 GE/GD 型 20 毫米舰炮

舰载机：尾部配有直升机坪，1 架 UH-60 直升机

装载能力：海军陆战队 258 人，搭载 12 辆主战坦克或装甲车或 14 辆两栖突击车，1700 吨物资，4 艘 LCVP 登陆艇

电子设备：1 部 AN/SPS-54 海面搜索雷达，1 套 Selenia NA18 火控系统

电子战系统：2 座 KDAGAIE Mk-2 干扰火箭发射装置

15.1.4 同级舰

该级舰最初计划建造 9 艘，最后只有 4 艘建成服役，舷号分别为 LST-681、LST-682（图 15.2）、LST-683 和 LST-685（图 15.3），见表 15.1。

表 15.1 "短吻鳄"级坦克登陆舰情况

序号	舷号	名称	下水	服役	备注
1	LST-681	高俊峰（Gojunbong，고준봉）	1991	1994	在役
2	LST-682	昆庐峰（Birobong，비로봉）	1995	1998	在役
3	LST-683	香炉峰（Hyangrobong，향로봉）	1996	1999	在役
4	LST-685	圣人峰（Sungoonbong，성인봉）	1996	1999	在役

图 15.2 "昆庐峰"号坦克登陆舰

图 15.3 K1 主战坦克从"圣人峰"号坦克登陆舰中驶出

15.2 "独岛"级两栖攻击舰

15.2.1 简介

"独岛"(Dokdo，독도급) 级两栖攻击舰是韩国海军第一艘全通甲板式两栖攻击舰。由韩国韩进重工设计建造，首舰"独岛"号（图 15.4 和图 15.5）于 2002 年

10月28日开工,2005年7月12日下水,2007年7月3日服役,采用直通式甲板设计,可起降直升机或短距垂直起降战斗机,但没有装置协助飞机起飞的滑跃式甲板,造价约2.89亿美元。"独岛"号暂未配属舰载机,直升机训练仍是借调陆军的UH-60直升机,预定2018—2022年韩国通用武装直升机改造为舰上操作版,因此"独岛"级的战力要到服役15年后才能完备。

图15.4　"独岛"号两栖攻击舰

图15.5　航行中的"独岛"号两栖攻击舰

15.2.2 结构特点

"独岛"级拥有类似美国"塔拉瓦"级两栖突击舰、"黄蜂"级两栖攻击舰类似的构型，都采用类似航空母舰的长方形全通式飞行甲板以及位于侧舷的舰岛，并设有可装载登陆载具的舰内坞舱，登陆载具由舰尾的大型闸门进出；不过相较于前述两种美国突击舰，"独岛"级的尺寸与吨位小得多。"独岛"级拥有完善的机能，将两栖攻击舰、船坞登陆舰、大型运输舰、灾害救护船的机能结合于一身，能于全球任何水域作业。"独岛"级的水线面积颇大，舰首部位略带弧状，使其具备良好的压浪性，在恶劣海况下能减轻舰体的摇晃。"独岛"级采用钢质舰体，划分为15个甲板，舰体下部各舱房部位均互不相通，各自独立，以达到局限战损的目的。为了提高生存性，"独岛"级在许多重要部位都加装钢质装甲，舰内划分为五个火灾防护区域与三个核生化防护区域，即便有三个水密隔舱破裂，也不会沉没。虽然以军规的标准来达到较高的生存性，但"独岛"级在不少地方仍采用普通商船的标准建造，以降低成本与复杂度，使每艘"独岛"级的成本控制在与一艘"宙斯盾"级驱逐舰相当的水平。舰岛前方设有一台19吨级的大型起重机，用来装卸登陆载具与物资。"独岛"级的外观具有一定程度的隐身设计，舰岛与舰体造型力求简洁，尽量减少开口与突出物。此外，舰岛与其上的塔式桅杆也都采用倾斜表面以降低雷达反射截面积。

动力使用高速性能较好的全燃联合动力装置（COGAG）系统，使用4台美国通用电气公司授权三星集团生产的LM-2500燃气涡轮机，搭配2套十分耐用的Franco Tosi变速箱与齿轮组，驱动双轴五叶片可变距螺旋桨（符合MIL-S-901D A级标准以及美国海军可变距螺旋桨规范），最大航速可达23节。

"独岛"级拥有完善的指管通情系统，能执行两栖、水面、空中乃至于反潜作战中相关的指挥、管制、通信、情报搜集、监视侦搜等任务。"独岛"级的飞行甲板与机库甲板之间设有一间面积达1000米^{2}的大型资讯作战中心，作为两栖登陆作战、空中战管以及周遭友军舰艇的指挥管理用，英国宇航公司（BAE）提供的KDCom1作战管理系统便安装于此。KDCom1负责统筹两栖作战、航空管制、海上作战以及舰艇本身的防空自卫，采用分散式架构，以美国军规的ADA语言撰写，拥有8个多功能显控台，由一组光纤数据多路传输系统（FODMS）二余度光纤资料多路传输系统连接，共有100个处理器。雷达方面，韩国选择了较为新型但也比较昂贵的SMART-L。此外，登陆舰的主桅杆顶端还装有一具Thales的MW-08 3D C频中程对空/平面搜索雷达，这是从KDX-1/2驱逐舰就开始沿用的装备，而舰上的电子战系统为SLQ-200（V）5K SONATA。为了强化在近岸作战的视觉侦测能力，"独岛"级还配备一套光电日/夜间监视与目标追踪系统（TEOOS），与舰上的战斗系统链接，能全自动地在三度空间内搜索并追踪敌方目标，即便在恶劣天气下也有良好的效果。TEOOS 整合有两具日间用电视摄影机、一具微光电视摄影机、一具信天翁（Albatross）第三代焦平面凝视阵列红外线热影像仪、一具西莱斯护眼激光测距仪，其影像透过 KDCom1 作战系统能显示于作战资讯中心或舰桥的任何一个显示控制台上。

武器装备方面，"独岛"级装备两种防空自卫装备：一是同被 KDX 系列驱逐舰采用的"守门员"近程防空系统，两门分别位于舰首以及舰岛末段；二是一具位于舰岛顶端的美制 21 联装 Mk-49"公羊"（RAM）短程防空导弹发射器，此武器装备也已经被韩国 KDX-2 导弹驱逐舰采用。

"独岛"级舰体后段的舰内坞舱长 26.5 米、宽 14.8 米，可容纳 2 艘符合美国军规的气垫登陆艇（LCAC）或 12 辆美国新一代的两栖运兵车。"独岛"级编制 320 名船员，另可搭载 600~830 名全副武装的士兵（标准为 720 人）；此外，可携带登陆所需的装备与物资，包括战车、装甲车、炮兵武器与弹药等，如舰内车辆甲板可搭载 10 辆主战坦克。连同舰上的两栖登陆载具与直升机，"独岛"级共可携带 5000 吨的相关物资装备。

"独岛"级可搭载 10 架中、大型运输直升机，其飞行甲板长 179 米、宽 31 米，甲板的一侧共设有 5 个直升机起降点，可同时供 5 架直升机起降操作。舰岛后方另有 2 个直升机停放点。下甲板的机库挑高占两层甲板，长 115 米、宽 29.6 米，最低高度 6.2 米，能容纳 10 架 SH-60 直升机或 EH-101 等级的直升机并进行各类维护作业，或者用来放置车辆与装备。此外，舰岛前后方各有一个用来运送直升机往返于机库与飞行甲板间的大型升降机。韩国通用直升机服役前，韩国海军与海军陆战队都没有装备运输直升机，因此韩国势必得采购一批新的中、大型运输直升机，可考虑的机种包括欧洲的 EH-101 及美国的 CH-47、CH-53 等。在原设想中，"独岛"级停放的是韩国陆军现役的美制 UH-60"黑鹰"式中型通用直升机，此外应该也会考虑美制 MH-53 之类的重型扫雷/运输直升机。根据韩国海军的设想，"独岛"级能以 5~8 架直升机，在 30 分钟内将登陆部队输送完毕，并担负登陆作战的空中警戒任务。

截至"独岛"级配属正式编制舰载直升机前，尚无具体信息判定"独岛"号是否将要在配属正式编制舰载直升机后操作 F-35B 这样的垂直起降（STOVL）战斗机，不过其甲板、机库与起降机尺寸都足以容纳；韩国已经在考虑购入 F-35 战斗机系列，作为空军未来主力机种之一。

15.2.3 性能参数

标准排水量：14300 吨

满载排水量：18800 吨

舰长：199 米

舰宽：31.0 米

吃水：7.0 米

航速：23 节（最大），18 节（巡航）

续航力：8000 海里（16 节）

编制员额：船员 320 名

动力系统：4 台 LM-2500 燃气涡轮机，功率 88200 千瓦，双轴推进

装载能力：搭载 720 名海军陆战队队员，2 艘高速气垫登陆艇（LCAC），10 辆主战坦克，28~70 艘两栖突击车，或可以携带 5000 吨物资装备

武器装备：2 座"守门员"6 管 30 毫米近程防空系统，1 座 RIM-116B RAM Block1/Mk49 型 21 联装"海拉姆"近程点防御导弹系统（被动红外/雷达制导）

电子设备：1 部 SMART-L 远程三坐标对空搜索雷达，1 部 MW08 三坐标对空/海搜索雷达，1 部 AN/SPS-95K 导航雷达，1 部 TACAN，VAMPIR-MB 光电跟踪系统

电子战系统：SLQ-200（v）5K SONATA 电子战系统，BAE KDCom1 作战指挥系统；KNTDS Link-11 数据链接系统等箔条发射器

舰载机：10 架直升机（UH-1H、UH-60P、EH-101 或"山猫"）

飞行设施：具有 5 个起降点的飞行甲板和机库，改造后可搭载垂直/短距起降战斗机

15.2.4　同级舰

本级舰计划建造 3 艘，韩国当局刻意选择与日本发生领土争议的独岛（日本称为竹岛）作为首艘 LP-X 的命名，而后续舰的命名也以韩国周边离岛为准，二号舰以韩国最南端领土马罗岛（L-6112）命名，三号舰则根据韩国最西端的领土——白翎岛（L-6113）命名，见表 15.2。"独岛"级的二号舰"马罗岛"号原定于 2008 年下水、2010 年服役；由于 2008 年全球经济危机又对韩国经济造成显著影响，韩国国会否决了第 3 艘的建造预算，并导致"独岛"级的后续建造工作延迟。在 2012 年 8 月，由于日韩在独岛问题上的摩擦日渐增温，韩国国防部宣布将建造"独岛"级的二号舰"马罗岛"号，该舰于 2017 年 4 月 28 日开工建造，2021 年 6 月 28 日服役（图 15.6）。

表 15.2　"独岛"级两栖攻击舰情况

序号	舰号	名称	下水	服役	备注
1	LPH-6111	独岛（Dodko，독도급）	2005.07.12	2007.07.03	在役
2	LPH-6112	马罗岛（Marado）	2018.05.14	2021.6.28	在役
3	LPH-6113	白翎岛（Baeknyeongdo）			计划取消

图 15.6 "马罗岛"号两栖攻击舰

15.3 "天王峰"级坦克登陆舰

15.3.1 简介

根据三阶段发展计划的第二阶段目标,原计划引进4艘美国"新港"(Newport)级坦克登陆舰,后来决定自己研制 LST-Ⅱ级坦克登陆舰,即"天王峰"(Cheonwang bong)级坦克登陆舰。韩国海军于2007年4月正式对外公布新型坦克登陆舰计划,首舰于2011年开工建造,2013年9月下水并命名为"天王峰"号。2013年12月26日,韩国国防采办局同韩国现代重工集团签订了第2艘"天王峰"级登陆舰的合同,合同价值1.29亿美元,该级登陆舰已交付4艘。

"天王峰"级主要用于执行登陆作战,平时则用于输送兵力和物资,为联合国维和行动提供帮助等。"天王峰"级将成为韩军立体登陆作战的核心战斗力,其性能比现有的"高俊峰"级登陆舰有较大改善,有利于提升韩国登陆作战能力。与现有的登陆舰相比,"天王峰"号的快速应对能力、搭载武器能力、长距离运输能力都得到改善。

15.3.2 结构特点

从"天王峰"级首舰"天王峰"号下水的图片来看,最终定型的设计和早期设计有较大的不同。在早期设计中,登陆舰舰桥前部两端采用了对称切面设计(图15.7),联系到韩国出口印尼的"望加锡"级船坞登陆舰,也采用类似设计,韩国在设计"天王峰"级登陆舰时可能进行了相应的借鉴,而最终定型的"天王峰"级登陆舰的舰桥前部两端均未采用对称切面设计,上层建筑的长度缩短了近一半且位置后移到舰体中部(图15.8)。除了基本设计进行调整外,舰载武器类型也进行了简化。

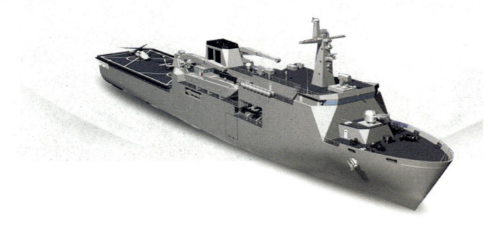

图 15.7 "天王峰"级坦克登陆舰模型图

图 15.8 "天王峰"号登陆舰在海试

"天王峰"级采用了目前大型登陆舰流行的高干舷、小长宽比单体舰型(长宽比约为6.5),甲板以上可分为舰首甲板、上层建筑和直升机甲板三个部分。舰首甲板前部安装了一门双联装"露峰"40毫米速射炮,速射炮和舰桥之间的甲板放置了2艘中型坦克登陆艇和1台65吨级大型起重机,后部设置1台25吨级起重机;上层建筑集中布置在舰体中部,从前向后依次布置了驾驶室、人员居住舱和直升机机库,救生艇放在上层建筑内部并设有横向开闭式金属门,上层建筑顶部设有桅杆、通信设施和烟囱等。舰尾设有大型飞行甲板，可同时起降 2 架大中型直升机，甲板下设泛水船坞，可用于两栖作战、岛屿补给以及灾难救助等多种任务。

宽阔的直升机甲板设置在上层建筑后方，长度约占舰体总长度的三分之一，可同时起降 2 架大中型直升机。直升机甲板下方设置了坞舱及相应设施，从舰体宽度来看，坞舱可搭载小型人员登陆艇，两栖作战车辆也需经过坞舱进行登陆作战。该舰采用了封闭式舰首，未设置登陆舰常见的开闭式舰首舱门及跳板。

为了降低中低航速航行时兴波阻力，采用了撞角形球鼻首，球鼻首后方设有一部侧推进器，有助于增强该舰的操作性能和机动能力。舰体水线中部设有一对舭龙骨以改善横摇性能。为了保证尾部坞舱的横向布置空间，舰尾水线以下线型采用了平缓收起设计。

上层建筑中部布置了一个桅杆，桅杆顶端安装了 SPS – 100K 型三坐标雷达，该雷达是一种单面阵小型三坐标雷达，已经装备在韩国"伊永夏"级导弹艇。该雷达采用相控阵技术和固态发射机，配备了旋转机械，可机械扫描 360°，实现了全空域监控。对空最大搜索距离约为 30 千米，可搜索和跟踪近 100 个空中和海上目标。雷达前方安装了一个光电转塔，该光电转塔由韩国国防科学研究所和韩国三星泰利斯公司联合研制，光电转塔内集成了前视红外探测装置、电视摄像机、激光测距仪，供作战人员在昼夜间及恶劣天气下搜索、跟踪目标。光电转塔前方的下部安装了一部导航雷达及电视摄像机。

在电子战系统方面，桅杆顶端两边安装了圆筒状的电子战系统，该系统为韩国国防科学研究所研制的 SLQ – 200（V）K（SONATA）电子战系统，在"伊永夏"级导弹艇和"仁川"级护卫舰桅杆上方也有相同的电子战系统。该系统是一种有源电子战系统，主要功能是截获、分析和识别敌辐射源并确定其位置，其既具备电子支援能力，又具备电子干扰能力。与该有源电子战系统配合作战的是"玛斯"多弹药软杀伤系统。"玛斯"系统由德国莱茵金属公司研制，作为一种新型舰载软杀伤系统，"玛斯"系统混装了箔条、红外、激光等多种干扰弹。随着反舰导弹向多模制导方向发展，单一干扰模式的干扰弹越来越难以适应现代的海战环境，"玛斯"系统可有效对抗采用多模制导的反舰导弹。

该舰设有专门的两栖作战指挥室，指挥室配备了先进的两栖作战指挥系统，可在战时作为登陆舰艇编队的旗舰，统一指挥和协调两栖作战。

15.3.3 性能参数

标准排水量：4950 吨

满载排水量：7140 吨

舰长：126.9 米

型宽：19.4 米

吃水：5.4 米

航速：23 节（最大），18 节（巡航）

续航力：8000 海里（18 节）

编制员额：125 人

动力系统：全柴联合动力（CODAD），2 台 SEMT – Pielstic 16PC 2.5STC 型柴油机，总功率为 14700 千瓦

装载能力：可搭载 2 艘登陆艇（LCM）、13 辆装甲车和两架直升机，476 名全副武装士兵和近 1000 吨的物质

武器装备：一门双联装"露峰"40 毫米速射炮

飞行设施：机库（可搭载 2 架中型直升机），飞行甲板（可同时起降 2 架直升机，紧急情况下可多搭载 2 架直升机）

15.3.4 同级舰

该级舰共建造 4 艘，见表 15.3，部分舰如图 15.9 和图 15.10 所示。

表 15.3 "天王峰"级坦克登陆舰情况

序号	舰号	名称	下水	服役	备注
1	LST – 686	天王峰（Cheon wang bong）	2013.09.11	2014.11.28	在役
2	LST – 687	天子峰（Cheon Ja Bong）	2015.12.15	2017.08.01	在役
3	LST – 688	日出峰（Chul Bong）	2016.10.25	2018.04.02	在役
4	LST – 689	露积峰（Jeok Bong）	2017.11.02	2018.11.21	在役

图 15.9 "天子峰"号坦克登陆舰

图 15.10　"露积峰"号坦克登陆舰

第十六章　印度海军

16.1 "加拉希瓦"号两栖船坞登陆舰

16.1.1 简介

"加拉希瓦"（Jalashwa，梵语/印度语是河马的意思）号两栖船坞登陆舰（舷号L41）是目前印度海军服役的1艘两栖船坞登陆舰，是美国前"奥斯汀"（Austin）级"特伦顿"（Trenton）号，和6架西科斯基公司SH-3"海王"直升机一起于2006年被印度海军购买，总价近9000万美元。"加拉希瓦"号于2007年6月22日服役，是当时印度海军从美国购买的唯一军舰（图16.1），基地位于维萨卡帕特南，属东部海军司令部。

图16.1　"加拉希瓦"号登陆舰

在2004年印度洋海啸后，印度海军感到需要更强的两栖登陆作战能力，当时海军的救援和人道主义工作因现有舰队的两栖战舰不足遇到困难。2006年，印度政府宣布将购买美国海军退役"奥斯汀"级"特伦顿"号（LPD－14）两栖船坞登陆舰，大约226千万卢比（4844万美元）。其姊妹舰"那什维尔"（Nashville）号（LPD－13）美国也可以出售，但是印度拒绝了。转让合同签订后，2007年1月17日，在弗吉尼亚州诺福克港印度海军获得了这艘舰，然后在诺福克海军基地接受了改装，直到2007年5月完成。印度海军还为这艘舰购买了6架UH－3"海王"海上运输直升机，花费约3900万美元。

"加拉希瓦"号有坞舱，可容纳4艘LCM－8型机械化登陆艇，通过坞舱进水使登陆艇漂浮和降低舰的尾铰链门，登陆艇可以下水。还能装载1艘气垫登陆艇（LCAC），或9艘LCM－6型机械化登陆艇。它还有一个可供6架中型直升机同时起降的飞行甲板，也可供像"鹞"式飞机那样的垂直起降飞机起飞和着舰。可以装载1000名作战人员和他们的全部装备。

"加拉希瓦"号还设置有医疗设备，包括4个手术室，12张病床，1个实验室和一个牙科中心。

"加拉希瓦"号可为印度海军提供更强劲的两栖作战能力。此外，"加拉希瓦"号两栖战舰还能开展救灾行动。当海上发生近海石油设施火灾或者是海洋性气团事故等灾难时，它还能作为指挥和控制平台使用，这也使得印度海军同时具备了大规模救灾和人道救援能力。

对于印度海军，"加拉希瓦"号的服役标志着其在海运和空运能力上的飞跃，还为印度海军的力量投射和远征力量运输、投射提供平台。"加拉希瓦"号是印度仅次于"维拉特"号航空母舰（R－22）的第二大舰艇。

16.1.2　性能参数

轻载排水量：8900吨

标准排水量：12000吨

满载排水量：16600吨

舰长：173.7米

舰水线长：167.0米

舰宽：30.4米

舰水线宽：25.6米

吃水：6.7米，最大吃水7.0米

航速：20节

编制员额：27名军官，380名士兵

动力系统：2台锅炉，2台蒸汽轮机，总功率17640千瓦，双轴推进

登陆艇：1 艘气垫登陆艇，或 1 艘通用登陆艇，或 4 艘 LCM-8 机械化部队登陆艇，或 9 艘 LCM-6 机械化部队登陆艇，或 24 辆空降突击车

装载人数：1000 名作战人员

武器装备：4 座 76 毫米、50 倍口径舰炮，2 座密集阵近程武器系统

直升机：6 架 UH-3"海王"直升机

16.2 "沙杜尔"级坦克登陆舰

16.2.1 简介

"沙杜尔"（Shardul）级坦克登陆舰是印度海军的大型两栖作战舰艇，是"玛加尔"级两栖登陆舰的改进舰，由里奇造船工程有限公司建造。该级舰装备超过 90% 是本土提供，包括最先进的设备。与"玛加尔"级坦克登陆舰相比，"沙杜尔"级坦克登陆舰加强了船首舱门，合并了内部船首舱门，以提高安全性、可居住性和作战效率，是印度目前国产最先进的大型登陆舰，该舰大大增强了印度海军的两栖作战能力。

"沙杜尔"号是第一艘（图 16.2），在加尔瓦尔海军基地服役。第二艘"凯萨里"号在维沙卡帕特南海军基地服役，后来转移到安达曼群岛南部布莱尔港。第三艘"埃拉瓦特"号也在维沙卡帕特南海军基地服役（图 16.3）。

图 16.2　"沙杜尔"号登陆舰

2002年，里奇造船工程有限公司接到印度海军建造3艘坦克登陆舰的合同，按照2005年6月9日《印度快报》报道的新闻，2002年印度海军订购这些舰船有超过90%的设备由本土提供。

该级舰主要提供两栖作战、设备、货物和军队输送以及直接到滩头阵地的登陆能力，也可在对岸攻击时装载作战坦克和伴随远征军。

"沙杜尔"代表孟加拉虎，象征着敏捷、力量和勇气。其座右铭是"人人为我，我为人人"。舰名和1997年退役的早期战舰同名。

两栖作战时，该级舰可以携带11辆主战坦克、10辆军用车辆和500名作战人员（不包括本舰人员），航速可达15.8节；能够运送军队车辆和部队抢滩登陆，还能提供直升机着陆设施，适合"海王"直升机或"北极星"直升机。舰上武器包括舰空导弹发射装置，1对WM-18火箭发射器，CRN-91型30毫米高射炮（射程5千米，射速500发/分钟）。

为了在海上高效操作和控制，该级舰配置有远程控制推进系统和损管控制系统。如果需要，它可以作为一个医院船，或者作为舰队油船为其他海军舰船实施航行纵向油料补给。

16.2.2 性能参数

排水量：5650吨

舰长：125.0米

舰宽：17.5米

设计吃水：4.0米

航速：16节

自持力：45天

编制员额：145名士兵（包括11名军官）

动力系统：2台基洛斯卡PA6 STC柴油发动机，最大功率4270千瓦，持续功率3880千瓦，双轴推进

装载能力：11辆主战坦克，10辆装甲车，465.8 米^{3}淡水，1292.6 米^{3}柴油，500名作战人员

电子战系统：箔条发射装置

武器装备：2座WM-18型122毫米多管火箭发射装置，4座CRN-91 AA海军30毫米火炮

直升机：1架"海王"直升机，设有直升机甲板

16.2.3 同级舰

该级舰建造3艘，见表16.1。2011年7月11日，"埃拉瓦特"号对柬埔寨西哈

努克城（一港口城市）进行了友好访问，2011 年 7 月 19 日到 28 日，访问了越南海滨城市芽庄和海防港。

表 16.1　"沙杜尔"级坦克登陆舰情况

序号	舰号	名称	下水	服役	备注
1	L16	沙杜尔（Shardul）	2004.04.03	2007.01.04	在役
2	L15	凯萨里（Kesari）	2005.06.08	2008.04.05	在役
3	L24	埃拉瓦特（Airavat）	2006.03.27	2009.05.19	在役

图 16.3　"埃拉瓦特"在 2009 年 5 月 19 日服役后驶出维萨卡帕特南港

16.3　"玛加尔"级两栖登陆舰

16.3.1　简介

"玛加尔"（Magar）级登陆舰是印度海军目前在役的两栖作战舰艇，该级仅建造 2 艘，由印度斯坦船厂有限公司设计和建造，最后在里奇造船工程有限公司完成。这些舰的母港是印度东海岸的维沙卡帕特南海军基地。

"玛加尔"号登陆舰（图 16.4）可以同时操作 2 架中型直升机，这主要是为了能搭载一个小型特种部队（海上突击队）。为了卸载货物和特种作战部队，它可以通过舰首门抵达卸载的滩头。

该级舰的设计基于英国海军的"兰斯洛特爵士"号。"玛加尔"号在 1995 年进行了改装，能运载 4 艘车辆人员登陆艇在吊架上，一个舰首门，可以在 1∶40 以上的坡度进行登陆。

图 16.4　"玛加尔"号坦克登陆舰

16.3.2　性能参数

满载排水量：5665 吨

舰长：120 米

舰宽：17.5 米

设计吃水：4.0 米

航速：15 节

续航力：3000 海里（14 节）

编制员额：136 人（包括 16 名军官）

动力系统：2 台柴油发动机，总功率 12583 千瓦，双轴推进

登陆艇：4 艘车辆人员登陆艇

装载能力：15 辆坦克，8 APC，500 名作战人员

电子战系统：1 套 BEL 1245 导航雷达，I 波段

武器装备：4 座 40 毫米、60 倍口径博福斯式高射炮，2 套 122 毫米多管火箭发射器

直升机：1 架"海王"直升机

飞行设施：1 个起降 2 架直升机平台

16.3.3　同级舰

本级舰情况见表 16.2，图 16.5 为"加里阿尔"号坦克登陆舰。

表 16.2　"玛加尔"级坦克登陆舰情况

序号	舷号	名称	下水	服役	备注
1	L20	玛加尔（Magar）		1987.07.15	在役
2	L23	加里阿尔（Gharial）		1997.02.14	在役

图 16.5　"加里阿尔"号坦克登陆舰

16.4　"库姆布希尔"级坦克登陆舰

16.4.1　简介

"库姆布希尔"（Kumbhir）级坦克登陆舰是印度海军服役的中型两栖战舰，是苏联海军的"北方"（Polnochny）–C级（773型，第一批4艘）和"北方"–D级（773U型，后4艘）中型坦克登陆舰的改进型。

"北方"级坦克登陆舰是在波兰设计、1967—2002年在波兰建造、与苏联海军合作的两栖作战舰艇。这个名字来源于它们的建造地点，就是格但斯克的北方造船厂。截止到1986年已经建造了107艘（最后的16艘由海军造船厂在波兰的格丁尼亚建造）。

16.4.2　结构特点

该级舰高艇首，长甲板延伸至舰中后方的上层建筑；低矮的上层建筑轮廓平直，舰桥位于其顶部；主炮（框架式或三角式）位于中央上层建筑上；烟囱轮廓低矮，位于上桅后方；上层建筑后缘呈阶梯状直至短小的后甲板；仅在舰首设计有装卸坡道；D 型舰在舰中部设计有直升机起降平台。

16.4.3 性能参数

标准排水量：1120 吨

满载排水量：1233 吨

舰长：83.9 米

舰宽：9.7 米

型深：5.2 米

设计吃水：1.3 米（舰首），2.58 米（舰尾）

航速：18 节

续航力：1200 海里（16 节），3000 海里（12 节）

编制员额：120 人（包括 12 名军官）

动力系统：2 台科洛姆纳 40 – D 两冲程柴油机，总功率 3234 千瓦，双轴推进

装载能力：196 吨（包括 5 辆主战坦克、180 名作战队员）

雷达：1 部 SRN 7453 型 I 波段导航雷达，1 部 MR – 104 "歪鼓" H/I 波段火控雷达

武器装备：2 座 AK – 230 型双管 30 毫米火炮，4 座 CRN – 91 型 30 毫米防空炮

直升机：1 架

16.4.4 同级舰

该级舰共建造 8 艘，目前已经退役 5 艘，在役 3 艘，见表 16.3。注意不要将 1997 年退役的"沙杜尔"号（L16）与 2004 年新服役的"沙杜尔"号（L16）混淆，虽然舰名和舷号相同，但不是同一艘舰，2004 年服役的"沙杜尔"号是"沙杜尔"级坦克登陆舰中的 1 艘，目前仍在役。图 16.6 为"古尔达"号和"库姆布希尔"号坦克登陆舰。

表 16.3 "库姆布希尔"级坦克登陆舰

序号	舷号	名称	下水	服役	备注
1	L14	戈尔帕德（Ghorpad）		1974.10.21	2008.01.11 退役
2	L15	凯萨里（Kesari）		1975.08.15	1999.05.08 退役
3	L16	沙杜尔（Shardul）		1975.12.24	1997.06 退役
4	L17	沙尔巴（Sharabh）		1976.01.27	2011.07.15 退役
5	L18	印度豹（Cheetah）		1985.02	在役
6	L19	马希沙（Mahish）		1985.06.04	2016.11.11 退役
7	L21	古尔达（Guldar）		1985.12	在役
8	L22	库姆布希尔（Kumbhir）		1986.11	在役

图 16.6　演习中的"古尔达"号和"库姆布希尔"号坦克登陆舰（中间的 2 艘舰）

16.5　印度海军多用途支援舰项目

印度国防部制定了一个采购 4 艘直升机船坞登陆舰（也称多用途支援舰）计划，以提升印度海军的救灾、两栖作战和岛礁保护能力。项目计划经费 160 亿卢比，2013 年 12 月，已向三个国内造船厂发出了招标邀请。

作为防范中国海军在印度洋存在的措施，拥有两栖作战舰艇和航空母舰已经成为印度海军的首要任务。因此，安达曼和尼科巴司令部（ANC）正在发展成为印度海军一个主要的两栖作战中心。

据报道，2011 年起，印度一直在寻找来自外国公司设计的 LHD 类型的航空和两栖战舰。2013 年 11 月印度国防部发布了建造可以携带直升机的战舰的招标要求，构建本土工业能力也是政府努力招标工作的一部分。

虽然适度灵活，但基本的标准是：

尺寸：应该不超过 215 米，满载吃水不能超过 8 米。

航空设施：航空甲板能携带 10 架 35 吨级的重型直升机。

运兵能力：应达到 1430 人，包括 60 名军官、470 名士兵和 900 名作战人员。

登陆能力：机械化运送坦克的登陆艇，运送人员、车辆的登陆艇，高速气垫登陆艇，应能携带 6 辆主战坦克、20 辆步兵战车和 40 辆重型卡车。

武器装备：点防御导弹系统，近程武器系统，反鱼雷诱饵系统，塔康系统，重型和轻型机枪。

续航力和自持力：自持力 45 天，最大持续航速不小于 20 节。

动力系统：采用电力推进系统。

特殊功能：从医疗设施到海军指挥中心。

任务：进行海上监视，特种作战，搜索与救援，医疗支持和人道主义援助。

主要参与竞争者见表 16.4。

表 16.4 主要参与竞争者

名称	排水量/吨	飞机携带量	全通甲板	续航力/千米	作战人员
西北风（法国）	21300	16 架重型直升机或 35 架轻型直升机	是	19800	900 海军陆战队
多功能舰（意大利）	20000	6 架 EH-101 或"灰背隼"	是	13000	950 海军陆战队
胡安·卡洛斯一世（西班牙）	27079	30 架 AV88"猎兔犬"Ⅱ，或 F-35，或 CH-47，或"海王"，或 NH-90	是（滑跃式）	17000	913 海军陆战队

1. "西北风"级两栖攻击舰（法国舰艇建造局）

法国舰艇建造局竞争的舰船为"西北风"级，该级舰可以搭载 900 名武装的作战人员和 16 架重型直升机或 35 架轻型直升机。该级舰原计划出口给印度的盟友和武器供应商——俄罗斯海军。印度应该愿意在这些舰上安装俄罗斯武器，可能会允许常见的修改。法国舰艇建造局目前是印度造船的合作伙伴，正在建造新的"鲉鱼"级柴电推进潜艇。"西北风"级满足"多用途支援舰"（MRSV）项目的所有标准。

2. 多功能舰（意大利芬坎蒂尼船厂）

最近，印度海军接收了意大利芬坎蒂尼船厂为其建造的"迪帕克"（Deepak）级综合补给舰，主要为印度建造的"维克兰特"（Vikrant）级航空母舰服务。虽然意大利芬坎蒂尼船厂与印度海军有较好的合作关系，但尚未完整开发出满足"标准"的多功能支援舰。然而，按照他们的网站信息，芬坎蒂尼船厂完全有能力制造一级 2 万吨级的多功能舰（图 16.7），据说这些舰满足"多功能支援舰"的要求。

印度海军高层表示最终将选择更低价格的设计方案。国有印度斯坦船厂（HSL）将建造 2 艘，胜出的方案设计方将建造 2 艘。这是印度首次尝试建造 2 万吨级的舰船，印度海军现代化在其两栖作战能力和加强海上运输能力上有迫切需求，新增的 4 艘船坞登陆舰将作为印度威慑海洋、保护海洋权益的战略工具。

此次 LPD 招标规定中对 LPD 设计参数有一些规定：全长不超过 215 米，满载吃水不超过 8 米，采用电力推进系统，20 节航速下续航力不低于 45 天。该舰可运输机

械化坦克、登陆艇、气垫船、装甲战车和登陆部队。运载能力最低要求是可搭载 6 辆主战坦克、20 辆步兵战车和 40 辆重型卡车，可支持重达 35 吨级的大型直升机起降。该舰的防御系统包括近程武器系统、防鱼雷诱饵系统、箔条系统以及数挺重、轻型机枪。人员方面，该舰可容纳 1430 人，包括 60 名军官、470 名水手和 900 名作战队员。该舰将能够进行海上侦察、特种作战、搜索和救援、医疗支持和人道主义援助。

印度海军中唯一在役的船坞登陆舰是 1997 年购入的美国海军前"特伦顿"（Trenton）号更名为"加拉希瓦"（Jalashwa）号，可携带 900 人部队、6 艘坦克、2000 吨货物、4 艘登陆艇和 6 架直升机，续航力为 7700 千米（20 节）。该舰在 2007 年重新服役后大约有 15 年的服役时间。除了"加拉希瓦"号，印海军还有 3 艘"沙杜尔"级坦克登陆舰，3 艘"北方"级坦克登陆舰和 2 艘"玛加尔"级坦克登陆舰。

图 16.7　意大利芬坎蒂尼船厂 2 万吨级的多功能舰模型

3. "胡安·卡洛斯一世"级（西班牙纳万蒂公司）

西班牙纳万蒂亚公司为西班牙海军建造了"胡安·卡洛斯一世"级两栖攻击舰，并为澳大利亚海军建造了 2 艘相似的两栖攻击舰，即"堪培拉"级两栖攻击舰。它完全满足"多功能支援舰"的每一个要求，是一个强有力的竞争者。"胡安·卡洛斯一世"级两栖攻击舰采用滑跃式甲板，可支持短距起降飞机的操作，和美国"黄蜂"（Wasp）级两栖攻击舰相似。尽管如此，如果印度愿意购置一艘较小的运输舰或两栖运输舰，这将增加纳万蒂亚公司的船型选择范围，如和荷兰海军联合研制的"加利西亚"（Galicia）级两栖运输舰。

印度海军已向三个国内造船厂发出了 160 亿卢比招标邀请，拉森特博洛船厂与西班牙纳万蒂亚公司合作，皮帕瓦沃国防和近岸海洋工程公司与法国舰艇建造局合作，ABG 船厂与美国的阿利昂公司合作。在最终设计选定后，私有船厂将建造 2 艘，其余 2 艘由国有的印度斯坦船厂有限公司建造。

图 16.8　西班牙纳万蒂亚公司的战略投送舰

第十七章 澳大利亚海军

17.1 "乔勒斯"号两栖船坞登陆舰

17.1.1 简介

"乔勒斯"（Choules）号（舷号 L100）两栖船坞登陆舰原是一艘英国海军辅助舰队的"湾"（Bay）级登陆舰中的首舰"拉格斯湾"（Largs Bay）号两栖船坞登陆舰（舷号 L3006，图 17.1）。2000 年 12 月 18 日签订建造合同，由英国斯旺亨特公司沃尔森德造船厂建造。2002 年 1 月 28 日铺设龙骨，2003 年 7 月 18 日下水，2006 年 11 月 28 日加入英国海军辅助船队服役。2011 年 4 月退出现役，4 月 6 日以 6500 万英镑出售给澳大利亚，2011 年 12 月 13 日开始在澳大利亚海军服役，改名为"乔勒斯"号。命名为"乔勒斯"号，是为纪念 2011 年 5 月 5 日逝世的参加第一次世界大战的世界上最后一位老兵。

图 17.1 原英国海军"拉格斯湾"号登陆舰

在英国海军服役期间，2008 年被派到福克兰群岛巡逻，2010 年参加了海地地震后救援物资运送任务。

详细的结构特点和性能参数可参考英国海军辅助船队的"湾"级登陆舰。

该舰出售给澳大利亚后加装了临时机库，图 17.2 是"乔勒斯"号 2012 年 1 月在东部舰队基地，船的上层建筑背后是临时机库。2012 年 2 月 24 日"乔勒斯"号抵达汤斯维尔，参加与第三旅进行的一个月的两栖作战训练。

2012 年 6 月，该舰推进系统的两个主要的变压器之一失效，在早期工程师就报告推进电机和变压器"过热"，检查发现变压器短路使绝缘失效，由于无可用的备件，只能从厂家重新订购，因此，"乔勒斯"号停航了 4~5 个月。到 2012 年 12 月，失效变压器被更换，但由于其他变压器也有损伤，决定要全部更换，直到 2013 年 4 月 12 日才重新服役。

由于在巴布亚新几内亚的马努斯岛难民处理中心缺乏住宿条件，2013 年 7 月，"乔勒斯"号短期到其岸边，为移民和其他人员提供住宿。

图 17.2　"乔勒斯"号 2012 年 1 月在东部舰队基地

17.1.2　性能参数

满载排水量：16190 吨

舰长：176.6 米

舰宽：26.4 米

设计吃水：5.8 米

航速：18 节

续航力：8000 海里（15 节）

编制员额：158 人

动力系统：2 台瓦锡兰 8L26 发电机，功率 4.5 兆瓦；2 台瓦锡兰 12V26 发电机，功率 6.7 兆瓦；双轴推进，1 具舰首推进器

登陆艇：1 艘 Mark 10 通用登陆艇，1 艘 LCM-8 机械化部队登陆艇；或 2 艘车辆人员登陆艇；2 艘 Mexeflote 驱动的皮筏

装载能力：1150 米车道（24 辆"挑战者"Ⅱ坦克，32 辆 M1A1"艾布拉姆斯"坦克或 150 辆轻型卡车），200 吨弹药或 24 个标准集装箱

作战人员：356 人（标准），700 人（超载）

武器装备：无（澳大利亚服役期间）

飞行设施：飞行甲板可起降"支奴干"级的直升机，有临时机库

17.2 "托布鲁克"号两栖登陆舰

17.2.1 简介

"托布鲁克"（Tobruk）号（舷号 L50）是澳大利亚海军的一艘重型登陆舰（LSH），其设计基于英国海军辅助船队的"圆桌骑士"（Round Table）级登陆舰，可以说是其改进型（图 17.3）。

图 17.3 "托布鲁克"号登陆舰

"托布鲁克"号是澳大利亚海军第一次为特定目的建造的两栖战舰，旨在为澳大利亚国防军提供海上补给能力。虽然在20世纪90年代政府曾打算让其退役，后来取消了这一计划，到2015年，"托布鲁克"号仍然在服役。

在20世纪70年代末，澳大利亚陆军应具有一个长期的海上补给能力，需要一艘专用货船。在越南战争期间，考虑通过租用民用船只提供补给，但是澳大利亚国家航运公司无法提供必要的支持。因此，决定建造一艘专用货船，由澳大利亚海军使用。虽然军队没有要求船能够抢滩，但澳大利亚海军将这个作为一个需求，使舰船的灵活性最大化。1975年，海军成功说服了澳大利亚军事委员会的反对者，1975年3月19日，当局授权专用货船的采购计划。

1977年5月，经过招标，"托布鲁克"号选择新南威尔士卡林顿有限公司建造，并于1977年11月3日完成合同谈判。1979年2月7日正式开工建造，1980年3月1日下水，1981年4月23日服役。最终造价5900万美元，比原计划高出42%。

"托布鲁克"号的设计考虑了两种方案：一种是改进当时英国海军辅助船队服役的"圆桌骑士"级后勤支援舰；另一种是基于英国海军辅助船队的"贝德维尔爵士"号。澳大利亚对设计进行了最低限度的修改以简化结构，最显著的变化是提供大型和多用途直升机的保障能力，增加了操作间和一台70吨的起重机。其他大部分改变是使住宿条件符合澳大利亚的要求。像"圆桌骑士"级其他船只一样，"托布鲁克"号按照商业标准而不是军事标准建造，不能承受像战舰那么多的损坏。这艘船配置了与英国不同的发动机，这也导致在早期故障较多。

20世纪90年代中期，在服役期间进行了一些改装，包括拆除了2座40毫米、60倍口径博福斯式高射炮。

"托布鲁克"号是澳大利亚海军第一艘专用两栖运输船，被设计为一个多用途、滚装运输船舶，可以通过船头和船尾的坡道装载，可以抢滩登陆，被澳大利亚海军归为重型登陆舰。

"托布鲁克"号可以装载陆军的"艾布拉姆斯"M1A1主战坦克和40 M113，或轻型装甲运兵车。在它们退役之前，"托布鲁克"号也能够携带多达18辆"豹"I坦克。在特殊设计的车辆甲板上可以装载2艘LCM-8登陆艇，在上层建筑的两边可以固定2艘车辆人员登陆艇。这艘船还设有两个起降平台，一个在上层建筑的后面，另一个在甲板上，可以保障包括"支奴干"尺寸的直升机。"托布鲁克"号在满载排水量时可装载300人的部队，在超载时可装载520人的部队。

2000年，在所罗门群岛发生内战，"托布鲁克"号被派到该群岛的首都霍尼亚拉撤离澳大利亚公民，6月8日到达，将486名人员运送到昆士兰凯恩斯。6月下旬，在短暂维护后"托布鲁克"号回到所罗门群岛，作为和平谈判的场地。几乎整个7月，它锚在霍尼亚拉外，直到8月2日，停火协议在船上签署后，回到澳大利亚。

2000年12月,"托布鲁克"号再次航行到所罗门群岛,支持国际和平监测小组成立。2001年2月7日,在船上签署了结束冲突的和平条约,2月15日回到悉尼。在2001年末和2002年初,"托布鲁克"号参加了对外关系署的运送难民至瑙鲁和圣诞岛任务。2002年4月,还将澳大利亚国防部部队从达尔文运送到东帝汶。

2005年4月,"托布鲁克"号离开悉尼,运输20辆轻型装甲车到科威特,并运送澳大利亚特遣部队前往伊拉克穆萨纳。4月18日,轻型装甲车部队在达尔文装船,5月9日到达科威特。然后,经印度回到澳大利亚,6月22日回到悉尼。2006年末,"托布鲁克"号第二次航行到中东,为在阿富汗重建工作的军队运输装备,2007年4月,经菲律宾回到澳大利亚。

2006年3月,"托布鲁克"号前往印尼的尼亚斯岛,参加2005年4月2日坠毁的"鲨鱼"02"海王"直升机的周年纪念仪式。接下来参加了在新喀里多尼亚的一个演习,然后继续到菲律宾,将澳大利亚战争纪念馆的一架OV–10"野马"飞机装上船。5月中旬,"托布鲁克"号在航行中被召回到了菲律宾,将紧急部署到因军事战斗造成动荡的东帝汶的第三旅装上船,并运送到帝力,6月下旬回到悉尼。

2008年,"托布鲁克"号作为澳大利亚国防部队的组成部分参加了在夏威夷的环太平洋联合军演。6月10日离开悉尼,8月18日返回。在演习期间,"托布鲁克"号装载和登陆卸载了美国海军陆战队两栖攻击车辆。

在2010年4月,"托布鲁克"号完成了延续服役维护。截至5月底,它在澳大利亚海军服役期间已经航行823587海里,在2010年9月的第一个星期,"托布鲁克"号和另外2艘两栖舰艇参与美国主导的太平洋伙伴关系2010在巴布亚新几内亚的部署。

2013年10月,"托布鲁克"号参加了2013年国际海上阅兵式。11月18日,从汤斯维尔运送救灾物资到受台风"海燕"影响的塔克洛班市和菲律宾莱特岛沿海地区,在12月21日回到悉尼。

该舰于2015年7月31日退役,累计航行了947084海里,2018年6月29日沉没于班达博格和赫维湾之间的海底。

17.2.2　性能参数

标准排水量:3300吨

满载排水量:5800吨

舰长:126.0米

舰宽:18.0米

吃水:4.9米

航速:18节

续航力:8000海里(15节)

编制员额：145 人

动力系统：2 台莫里斯百仕通公司 KDMR8 柴油机，功率 7.2 兆瓦，双轴推进

登陆艇：2 艘 LCM-8 机械化部队登陆艇，2 艘车辆人员登陆艇

装载能力：18 辆"美洲豹"主战坦克和 40APC，300~520 名作战人员

武器装备：2 座 40 毫米/60 倍口径博福斯式高射炮，2 挺 12.7 毫米机枪（建造时），2 座 25 毫米台风机关炮，6 挺 12.7 毫米机枪（现在）

电子设备：对海/对低空搜索雷达，"开尔文·休斯"1006 导航雷达

直升机：在主货舱上的甲板有 2 个起降点，后甲板有 1 个起降点，均可起降"支奴干"直升机

17.3 "堪培拉"级直升机船坞登陆舰

17.3.1 简介

"堪培拉"（Canberra）级是为澳大利亚海军建造的直升机船坞登陆舰，根据澳大利亚领导东帝汶维和行动国际维和力量的经验，2000 年，计划升级海军两栖舰队。

2004 年，法国船舶建造局和西班牙纳万蒂亚公司被邀请提供建议书，法国提供了"西北风"两栖攻击舰方案，纳万蒂亚提供了战略投射舰方案（"胡安·卡洛斯一世"两栖攻击舰）。2007 年，西班牙设计方案被选中，纳万蒂亚公司负责建造船的龙骨到飞行甲板，澳大利亚和英国宇航系统公司负责后期的建造任务。首舰"堪培拉"号于 2008 年 11 月开工，船体在 2011 年 2 月 17 日下水，船体合成后，2012 年 8 月 4 日，船体安装在"兰陵"号半潜船上（图 17.4），8 月 17 日离港，10 月 17 日到达澳大利亚威廉姆斯菲利普港，完成上层建筑建造和舾装（图 17.5），2014 年初开始海上试航试验，2014 年 11 月服役（图 17.6）。2015 年 1 月 26 日，"堪培拉"号成为澳大利亚国庆日庆典的核心场所。

在 2000 年澳大利亚国防部宣布的《我们未来的国防白皮书》中，计划取代原"堪培拉"（Kanimbla）级（原美国"新港"级）两栖登陆舰"堪培拉"号和"曼努拉"号，以及"托布鲁克"号重型登陆舰。在澳大利亚领导的东帝汶维和行动中证明了两栖作战的重要性，不改进两栖海上补给能力，运送远征力量走出澳大利亚都很困难。

2003 年 11 月，国防部长罗伯特·希尔发布了一个防御能力评估，指出建造至少 2 艘 20000 吨排水量、能够同时起降 5 架或 6 架直升机的舰船很有必要。

图 17.4 "堪培拉"号船体安装在"兰陵"号半潜船上

图 17.5 2014年2月"堪培拉"号在威廉姆斯进行舾装

图 17.6 2014年11月"堪培拉"号登陆舰停泊在东部舰队基地

2006年1月，澳大利亚政府宣布计划建造舰船名称为"堪培拉"号和"阿德莱德"号。在宣布后，更改舰名的建议在几个场合被提起，海军联盟提出，澳大利亚"阿德莱德"号应该命名为"澳大利亚"号，即用国家及其首都的名字命名澳大利亚海军2艘最强力量的战舰，第二次世界大战时期，2艘"郡"级巡洋舰就是如此，而空出的名字命名"霍巴特"级驱逐舰。

澳大利亚海军研究所的成员认为，该级舰应命名为"加利波利"号和"瓜达康纳尔岛"号，第一艘命名"加利波利"号，表明第一次现代的两栖作战在加利波利登陆，第二艘命名承认美国海军和美国海军陆战队在帮助澳大利亚在第二次世界大战中夺回瓜达康纳尔岛的两栖作战。

17.3.2 结构特点

该级舰的设计吃水只有7.08米，最大吃水的值偏小是设计的一个重要因素，这样可以在沿海地区和较小的港口作业。每艘舰的满载排水量均为27500吨，是澳大利亚海军在役的排水量最大的舰船。

虽然"堪培拉"号和"胡安·卡洛斯一世"号具有相同的尺寸，但为了满足澳大利亚的条件和要求，舰岛的结构和内部布局不同。不同于西班牙的舰船，"堪培拉"级按劳埃德船级社规范建造。推进器是2台西门子公司的11兆瓦方位推进器，每台各自的船用电机驱动两具直径4.5米的螺旋桨。电力由柴燃联合提供，1台通用电气的LM2500燃气轮机提供19160千瓦功率，2台MAN 16V32/40柴油发电机，每台提供7448千瓦功率。主推进器还辅以2台1500千瓦的船首推进器，另外还安装有1台1350千瓦的应急柴油发电机。

该级舰配备有萨博公司9LVMark 4战斗管理系统，电子设备包括1套"海长颈鹿"3D监视雷达，1套"吸血鬼"NG红外搜索和跟踪系统。自防御包括4座拉斐尔公司"台风"25毫米远程武器系统，6挺12.7毫米机枪，1套AN/SLQ－25"水妖"拖曳鱼雷干扰器和"纳尔卡"导弹诱饵。飞机或更大目标的防御依靠编队其他舰船提供或澳大利亚空军的空中支援。

"堪培拉"级正常情况下可以运送1046名士兵和装备，在超载条件下，可运送1600名士兵和装备，还具备一次空运达220名士兵的一个加强连的能力。

"堪培拉"级有一个1880 米^{2}的轻型车辆甲板和一个1410 米^{2}的重型车辆和坦克甲板，共可装载110辆车辆。重型车辆甲板还可以用来装载物资，可容纳196个标准集装箱。舰上设有一个长69.3米、宽16.8米的甲板，可以放置4艘LCM－1E登陆艇，并可以在4级海况下下水和回收。

飞行甲板长202.3米、宽32米，距离水线高度27.5米，有6个可同时起降MRH－90尺寸的直升机起降点，也可以同时起降4架"支奴干"尺寸的直升机，直升机可在5级海况下起降。标准航空组成为MRH－90运输直升机和S－70B"海鹰"

反潜直升机，990 米² 机库可以停放 8 架中型直升机，轻型车辆甲板还可以停放 10 架。舰上配置 2 部直升机升降机可将飞机从机库运送到飞行甲板，一个大的升降机位于舰的中后部，一个小的位于舰岛前面的右舷。

在采购阶段早期，由于成本和主要功能的争论，以及反对短距起降飞机，并不打算使用的"胡安·卡洛斯一世"级两栖登陆舰的滑跃式甲板还是保留了下来，西班牙则是用滑跃式甲板起飞"鹞"式喷气式飞机。

17.3.3　性能参数

满载排水量：27500 吨

舰长：230.82 米

舰宽：32.0 米

设计吃水：7.08 米

航速：20 节（最大），19 节（满载持续航速），15 节（经济）

续航力：9000 海里（15 节）

编制员额：358 人（293 名澳大利亚海军，62 名澳大利亚陆军，3 名澳大利亚空军）

动力系统：1 台通用 LM2500 燃气轮机，2 台 MAN 16V32/40 柴油机，2 具西门子的防卫推进器

登陆艇：4 艘机械化登陆艇，或 2 艘气垫登陆艇

装载能力：110 辆车辆（1410 米² 重载车辆甲板，1880 米² 轻载车辆甲板）和 1046 名作战人员（标准），1600 名作战人员（超载时）

电子设备："长颈鹿"AMB 雷达，萨博 9LV 作战系统

电子战系统：AN/SLQ-25"水妖"拖曳鱼雷诱饵，"纳尔卡"导弹诱饵

武器装备：4 座拉斐尔公司"台风"25 毫米远程武器系统，6 挺 12.7 毫米机枪

直升机：18 架（机库最大空间）

飞行设施：10°的滑跃飞行甲板，6 个起降点（13°）

17.3.4　同级舰

该级舰计划建造 2 艘，现完工 2 艘，均已服役，见表 17.1。纳万蒂亚船厂承包建造有 104 个模块组成的船体，它们分别在纳万蒂亚在费罗尔和弗涅的工厂建造，然后在费罗尔船厂的船台上组装。完成飞行甲板以下的建造并下水后，由半潜式重型起重船运输到维多利亚的威廉姆斯，在那里由 BAE 系统公司澳大利亚公司安装了舰岛和内部舾装。2013 年 10 月 10 日，"阿德莱德"号船体安装到"蓝色马林鱼"号上，2014 年 2 月 7 日运输到威廉姆斯（图 17.7），开始后续建造，完成上层建筑和舾装。

在建造初期，"堪培拉"号被确认为"LHD01"，"阿德莱德"号为"LHD02"。但服役时，"堪培拉"号为"LHD02"，"阿德莱德"号为"LHD01"（图 17.8）。

表 17.1　"堪培拉"级直升机船坞登陆舰情况

序号	舷号	名称	下水	服役	备注
1	L02	堪培拉（Canberra）	2011.02.17	2014.11.28	在役
2	L01	阿德莱德（Adelaide）	2012.07.04	2016.12.04	在役

图 17.7　"阿德莱德"号船体运输到威廉姆斯

图 17.8　试航中的"阿德莱德"号两栖攻击舰

第十八章 新加坡海军

18.1 "坚韧"级船坞登陆舰

18.1.1 简介

"坚韧"（Endurance）级船坞登陆舰是新加坡海军中吨位最大的舰船，由新加坡海事技术公司设计，以取代20世纪70年代从美国引进的第二次世界大战期间建造的5艘"郡"级坦克登陆舰。作为新加坡现役最大的军舰之一，"坚韧"号（图18.1）及其姊妹舰"坚决"号（图18.2）、"坚持"号（图18.3）、"努力"号（图18.4）号称该国"海上四大金刚"，承担了该国最重要的兵力运输、两栖抢滩乃至人道救灾等任务。首舰"坚韧"号于1997年初开工，1997年3月27日铺设龙骨，1998年3月14日下水，2000年3月18日服役。

图 18.1 "坚韧"号船坞登陆舰

图 18.2 在泰国湾的"坚决"号登陆舰
(后面是航行中的美国"丹佛"号登陆舰)

图 18.3 "坚持"号登陆舰

图 18.4 "努力"号登陆舰后部图

18.1.2 结构特点

该级舰由新加坡海洋技术公司设计，从布局和功能看，"坚韧"级属于两栖船坞登陆舰，但从作战使用上，可划分为坦克登陆舰。舰体为首楼船型，但首楼很短，其后为较长的平甲板。舰首宽阔，设有首舌门，打开后跳板伸出，可供坦克或车辆出入。舰体从首部往后至舰体内前部为车辆甲板，设有3座液压跳板，将船坞甲板、车辆甲板与上甲板连接起来。舰体内后部为坞舱，所占空间较大，可容纳4艘通用登陆艇。机舱设在舰内两舷侧，留出中间通道供车辆行驶。

上层建筑集中在舰体上甲板中前部，由前向后梯次增高。1门主炮布置在上层建筑前部平台上，驾驶室后的雷达控制室上设有2座桅杆，前部矮粗，后部细高。上层建筑两舷侧各设有3座吊艇架，最前边的2个用于吊放工作艇和交通艇，后边的4个供人员登陆艇使用。其烟囱布置得十分巧妙，设在上层建筑后端两舷侧，为较高的长方形，两侧与舰体舷侧齐平，与上层建筑连为一体，并将吊艇架与后部飞行甲板区域隔离。上层建筑内后方为宽敞高大的机库，设有2扇库门，供直升机和车辆进出。2部起重能力为25吨的起重机紧挨机库，位于飞行甲板两舷侧，用于从飞行甲板上吊放登陆车辆和物资。不用时，起重臂与机库门平行停放，形成又一道门梁。机库后为宽大的飞行甲板，但只设有2个起降点，并设有直升机助降装置。

底部舱室分前后两部分，靠近尾部的地方凹下去近2米深，这两部分各长70米左右，合计约140米，能装下18辆主战坦克或4艘登陆艇。当登陆部队进行海上换乘时，船坞尾门打开，海水将灌进舰艇后部使其下沉，船坞内装载的登陆艇就可以漂浮起来。登陆部队可直接在船坞内换乘到登陆艇上，然后从舰尾开出。

"坚韧"级主机采用2台柴油机作为主动力装置，功率11000千瓦。采用双轴推进，螺旋桨为可调距螺旋桨，可实现变速和倒车等动作，非常适合这类舰艇使用。另外，在舰首还设有助推器，方便灵活转向。

在武器装备上，该舰以防空作战为主，设有2座法国泰利斯公司的双联装舰空导弹发射装置，可发射"西北风"导弹。该型导弹采用红外寻的，射程6千米，战斗部质量2.95千克。此外，武器装备就是1门奥托·梅莱拉公司的76毫米口径速射炮和4挺12.7毫米口径机枪。速射炮理论上每分钟可发射120发炮弹，射程30千米。

在电子设备方面，雷达设有2部，一部用于对空/对海搜索，安装在矮粗的前桅上，另一部为凯尔文·休斯公司生产的1007型导航雷达。舰上火控系统配备1部光学指挥仪。舰载对抗措施包括2座箔条诱饵发射装置和1套拉斐尔公司RAN1101电子战干扰装置。

18.1.3 性能参数

标准排水量：6500吨

满载排水量：8500吨

舰长：141.0米

舰宽：21.0米

吃水：5.0米

航速：15节

续航力：5000海里（15节）

编制员额：65人（8名军官，57名士兵）

动力系统：2台拉斯顿16RK270柴油机，总功率11000千瓦；4台拉斯顿6RK215柴油发电机，每台875千瓦；双轴推进；两个可调螺距螺旋桨

登陆艇：4艘13米快艇，2艘25米快艇

装载能力：18辆坦克，20辆车辆和货物，350~500名作战人员

武器装备：2座"西北风"导弹发射器，1座奥托·梅莱拉公司的76毫米超级快速主炮，2座M242"巨蝮"式25毫米火炮，4挺12.7毫米机枪

雷达：IAI/ELTA EL/M–2238搜索雷达，开尔文·休斯公司的1007型导航雷达（I波段）

干扰设备：2套通用电气公司马可尼的"海洋盾"Ⅲ型102毫米箔条/诱饵发射器

舰载机：332M"超级美洲豹"反潜直升机或AS532UL/AL"美洲狮"反潜直升

机或 CH-47SD"支奴干"直升机

飞行设施：2 架中型直升机起降的飞行甲板和封闭机库

18.1.4 同级舰

该级舰一共建造 5 艘，4 艘在新加坡海军服役，1 艘在泰国海军服役，见表 18.1。在 2004 年印尼海啸期间，"坚韧"级登陆舰曾对印尼的亚齐省实施了人道主义援助行动。2014 年 12 月，参加了 2014 年 12 月 28 日在爪哇海坠毁的亚航航班 QZ8501 的搜索和救援任务。

表 18.1 "坚韧"级船坞登陆舰

序号	舰号	名称	下水	服役	备注
1	207	坚韧（Endurance）	1998.03.14	2000.03.18	在役
2	208	坚决（Resolution）	1998.08.01	2000.03.12	在役
3	209	坚持（Persistence）	1999.03.13	2001.04.07	在役
4	210	努力（Endeavour）	2000.02.12	2001.04.07	在役
5	LPD-791	红统府（Angthong）	2011.03.21	2012.04.19	泰国海军服役

18.2 "坚定"号后勤登陆舰

18.2.1 简介

新加坡海军于 1994 年从英国购入了一艘曾参加过 1982 马岛海战的"兰斯洛特爵士"（Sir Lancelot）号登陆舰（舷号 L3029）（图 18.5），并将其更名为"坚定"（Perseverance）号（舷号 206）。

"兰斯洛特爵士"号登陆舰是"圆桌骑士"级的首舰，1962 年 3 月铺设龙骨，1963 年 6 月 25 日下水，1964 年 1 月 16 日服役，这艘船最初由英属印度蒸汽导航公司操作，1970 年移交英国海军辅助舰队，于 1989 年 3 月 31 日退役。1989 年 6 月出售给南非 Lowline 公司。1992 年，这艘舰由新加坡海军购买，1994 年 5 月 5 号加入新加坡海军服役。2003 年，新加坡海军将其出售给了亚洲格兰海上防务公司，重新命名为"格兰勇敢的心"。2008 年初，这艘舰被出售，拖到孟加拉国解体。

1982 年"兰斯洛特爵士"号参加了英阿马岛战争，作为两栖任务组的一部分，5 月 21 日进入圣卡洛斯水域，是战争期间一直在那里的唯一的舰船，5 月 24 日上午大约 10 点 15 分，来自 4 架 A-4"空中之鹰"战机的一架向其投下了一枚 1000 磅的炸弹，这炸弹穿透其右舷，但没有爆炸。此后，它仍留在圣卡洛斯水域，为各种各样的军事行动提供住宿和基础设施，在福克兰群岛一直服务到 7 月 26 日，8 月 18 日返回朴茨茅斯港。

1994 年 5 月 5 日"坚定"号在新加坡海军服役后，2000 年 1 月 9 日至 2 月 17 日，被部署到东帝汶执行维和任务。

18.2.2　性能参数

标准排水量：3370 吨

满载排水量：5550 吨

舰长：126.0 米

舰宽：18.0 米

吃水：4.0 米

航速：17 节

续航力：9200 海里（15 节）

编制员额：68 人

动力系统：2 台丹尼苏尔寿公司柴油机，功率 7099 千瓦，双轴推进

装载能力：2180 吨物资，最多 340 名人员，18 辆坦克或 34 辆车辆

武器装备：2 座 40 毫米博福斯式高射炮

飞行设施：舰尾建有直升机起降平台，可搭载架直升机

图 18.5　1982 年"兰斯洛特爵士"号登陆舰在圣卡洛斯水域执行作战任务

第十九章 马来西亚海军

19.1 "因德拉·萨克蒂"级两栖运输舰

19.1.1 简介

"因德拉·萨克蒂"(Sri Indera Sakti)级是马来西亚海军的一级4369吨、长100米的两栖运输舰,共建造2艘分别为"因德拉·萨克蒂"号和"马哈旺沙"号。

首舰"因德拉·萨克蒂"号(图19.1)的母港是位于霹雳州的卢穆特海军基地。2008年12月,该舰被派到亚丁湾索马里海域执行和"马哈旺沙"号一样的打击海盗的任务,在这个月里,成功地帮助了中国起重机船"振华"4号驱逐海盗。2009年,"因德拉·萨克蒂"号派出2架直升机,成功击退两个试图抢劫印度油轮"阿布·卡拉姆·阿扎德"号的索马里海盗小艇。

图 19.1 "因德拉·萨克蒂"号两栖运输舰

"马哈旺沙"号和"因德拉·萨克蒂"一样,母港也位于马来群岛霹雳州的卢穆特海军基地。它的名字是为了纪念旧吉打州的创立者美荣·马哈旺沙。

2001 年"马哈旺沙"号派往阿富汗参与难民的人道主义援助;在 2004 年印度洋大地震时,"马哈旺沙"号被派往那里援助受害者;在 2006 年东帝汶危机期间,作为维和部队的一部分,负责为第四装甲步兵车旅(机械)运送装甲步兵车。作为指挥舰,曾参与几次与外国海军联合演习,如称为"THALAY LAUT"的马来西亚和泰国的海军联合演习,与美国海军的"联合海上战备和训练"系列演习等。"联合海上战备和训练——马来西亚 2004"演习的闭幕式在锚泊在刁曼岛附近的"马哈旺沙"号上举行。

2008 年 8 月中旬,2 艘马来西亚航运公司油轮被索马里海盗劫持,马来西亚海军命令阿都甘尼海军少将担任特混队队长,率领"勒丘"号护卫舰和"因德拉普拉"号坦克登陆舰到亚丁湾执行护航任务,解救 2 艘马来西亚航运公司油轮,并于 10 月 2 日完满完成任务。"马哈旺沙"号于 9 月 7 日也被派往亚丁湾执行护航任务,船上共有 236 名海军和陆军士兵参与该行动,陆军派遣了 9 名军医。该舰由卡立加法海军中校担任特混队队长。"马哈旺沙"号支援舰于 9 月 19 日抵达亚丁湾,接着就展开护航作战行动,图 19.2 为"马哈旺沙"号支援舰护送马来西亚航运公司 Eagle Valencia 号油船。"马哈旺沙"号支援舰已在临近索马里海域附近部署了 92 天,为 36 艘马方商船舰队提供护航穿越亚丁湾危险区。很明显,"马哈旺沙"号的存在,为该海域的商船营造了一个"安全环境",也间接地提高了马来西亚武装部队,特别是海军的形象。"马哈旺沙"号于 12 月 17 日返回卢穆特海军基地。"因德拉·萨克蒂"号于 12 月 1 日 10 时从卢穆特海军基地启航前往亚丁湾,执行期限是 3 个月的护航任务,直至 2009 年 2 月。"因德拉·萨克蒂"号载有 204 名部队人员或舰员,其中 7 人是陆军军医。

图 19.2 "马哈旺沙"号(远处)支援舰护送马来西亚航运公司 Eagle Valencia 号油船

19.1.2 性能参数

满载排水量：4369 吨

舰长：100.0 米

舰宽：15.0 米

吃水：4.75 米

航速 16.8 节

编制员额：136（另有 75 名人员）

动力系统：2 台柴油机，功率 4464 千瓦，双轴推进

装载能力：600 名人员，1000 米^3 货物装载空间，10 个 20 英尺集装箱，680 米^2 车辆空间

武器装备：1 座 57 毫米博福斯式高射炮，2 座 20 毫米机关炮

飞行设施：尾部有直升机起降平台

19.1.3 同级舰

该级舰建造 2 艘，见表 19.1，"因德拉·萨克蒂"号由德国建造，"马哈旺沙"号由韩国建造。图 19.3 为"马哈旺沙"号两栖运输舰。

表 19.1　"因德拉·萨克蒂"级两栖运输舰

序号	舷号	名称	下水时间	服役时间	备注
1	1503	因德拉.萨克蒂（Indera Sakti）	1982	1983	在役
2	1504	马哈旺沙（Mahawangsa）		1983	在役

图 19.3　"马哈旺沙"号两栖运输舰

19.2 "因德拉普拉"号坦克登陆舰

19.2.1 简介

马来西亚海军"因德拉普拉"(Sri Inderapura)号(舷号 L-1505)坦克登陆舰,前身是美国海军"新港"(Newport)级坦克登陆舰中"斯帕坦堡郡"(Spartanburg County)号(舷号 LST-1192)。"新港"级是美军在第二次世界大战以后,为实施其海军陆战队"20 节攻击力量"计划而研制的,首型航速达 20 节的中型坦克登陆舰,是当时美国海军战后建造的系列坦克登陆舰中,设计最合理、速度最快、现代化程度最高的舰只。

"新港"级登陆舰首舰于 1966 年开工,1968 年下水,1969 年服役,共建造 20 艘。"斯帕坦堡郡"是美国南卡罗来纳州的一个城市,"斯帕坦堡郡"号由内维尔·霍尔库姆夫人赞助,美国国家钢铁和造船公司建造,1970 年 2 月 7 日在圣迭戈铺设龙骨,1970 年 11 月 7 日下水,1971 年 9 月 1 日服役。1990 年 8 月到 1991 年 4 月,作为海军两栖部队的一部分参加了"沙漠盾牌"和"沙漠风暴"行动。

1994 年 10 月 16 日,"斯帕坦堡郡"号退役,按照"安全保障援助计划"(SAP),马来西亚海军 1994 年向美国购得该舰,费用 4800 万美元,重新命名为"因德拉普拉"号,1995 年 1 月 31 日开始在马来西亚海军服役(图 19.4)。

2002"因德拉普拉"号年在停靠卢穆特海军基地时,因着火损坏,进行维修后继续在马来西亚海军服役。2008 年 9 月,其作为国际反海盗行动的一部分,到达了索马里海域,护送马来西亚商船,以免被海盗拦劫,如图 19.4 所示。

2009 年 10 月 8 日,停靠在马来西亚北部马六甲海峡处的卢穆特海军基地的"因德拉普拉"号登陆舰突然起火。当地警察局长穆罕默德·贾米勒·奥斯曼表示:初步报告显示,军舰起火部位包括办公区和储藏室,事故未造成人员伤亡。马来西亚国防部长阿末扎希说,这艘军舰已遭烧毁,政府将通过公开投标购买新军舰取而代之。

"因德拉普拉"号登陆舰从 10 月 8 日 6 时 25 分开始燃烧,直到下午 3 时许火势才被控制下来。马来西亚国防部长表示:大火是因为电线短路引起的,并非遭到破坏。这与印尼激进组织扬言要在 10 月 8 日攻击马来西亚无关。这是该军舰第二次发生大火。根据观察火势的猛烈程度,这次遭受破坏的程度比之前严重。

由于军舰内部高达数层,救火任务非常艰难,因此火势越烧越旺,直至早上 8 时许大火几乎失控肆虐。根据卢穆特海军基地下午发表文告,大火发生时,有 77 人

在船上,包括 6 名军官及 22 名受训海军人员,不过所有人都安全逃生;军舰原本将在 10 月 12 日启航,运载物资到沙巴州亚庇的海军基地。2010 年 1 月 21 日,官方正式宣布"因德拉普拉"号从马来西亚海军退役。

图 19.4　"因德拉普拉"号到亚丁湾执行护航任务

19.2.2　性能参数

标准排水量:5273 吨

满载排水量:8833 吨

舰长:195.11 米

舰宽:21.34 米

设计吃水:5.79 米

航速:20 节

编制员额:14 名军官,210 名士兵

动力系统:6 台柴油机,总功率 11760 千瓦,双轴推进,双可调螺距螺旋桨,有舰首推进器(单可调螺距螺旋桨)

登陆艇:4 艘登陆艇

装载能力:23 辆坦克装,400 名陆战人员和武器装备,500 吨物资

武器装备:4 座双 76 毫米、50 倍口径火炮,1 座 20 毫米密集阵近程防空系统

飞行设施:后甲板有直升机起降平台

第二十章　印度尼西亚海军

20.1 "望加锡"级两栖船坞登陆舰

20.1.1 简介

"望加锡"（Makassar）级两栖船坞登陆舰是韩国大宇造船与工程公司为印尼海军设计建造的，设计基于早期的"丹戎·达尔佩勒"（Tanjung Dalpele）级，造价1.5亿美元，前2艘在韩国釜山的大宇造船厂建造，2004年12月签订合同。后2艘在印度尼西亚的泗水海军造船厂建造，2005年3月28日签订合同。2006年10月19日首舰和第2艘舰开始铺设龙骨，第3和第4艘舰用来作为旗舰，增加了指挥控制系统、57毫米舰炮和防空系统。

"望加锡"级两栖船坞登陆舰主要用于两栖作战部队运输设备、货物和军用车辆，也可以用于人道主义救援和自然灾害管理。

4艘两栖船坞登陆舰都装备有作战信息系统和通信系统，可在编队间指挥。装备有武器来保护登陆部队、战斗车辆和直升机。图20.1为"望加锡"号，图20.2为"泗水"号。

图20.1　"望加锡"号两栖船坞登陆舰

图 20.2　"泗水"号两栖船坞登陆舰

20.1.2　性能参数

标准排水量：7300 吨

满载排水量：11394 吨

舰长：122～125 米（秘鲁版本 132～135 米）

舰宽：22 米

总高：56 米

吃水：4.9 米

航速：16 节（最大），14 节（巡航），12 节（经济）

续航力：10000 海里（30 天）

自持力：45 天

编制员额：126 人（铺位最大 518 个）

动力系统：2 台 MAN B&W 8L28/32A 柴油机，单台功率 1960 千瓦，双轴推进

装载能力：2 艘车辆人员登陆艇，218 名作战人员，40 辆步兵战车

武器装备：1 座 SAK40/L70 型 40 毫米博福斯式高射炮，2 座 20 毫米厄利康高射炮，2 座"西北风"导弹发射系统

舰载机：5 架直升机

飞行设施：可停放 2 架"超级美洲狮"的机库

20.1.3　同级舰

印度尼西亚共建造该级舰 8 艘，见表 20.1。除了印度尼西亚海军外，该级舰还出口给秘鲁和菲律宾。2012 年，秘鲁海军选定大宇造船海洋株式会社建造的"望加

锡"级，建造 2 艘。菲律宾海军选择由泗水海军造船厂建造"望加锡"级，并进行了部分改装，2013 年进行了竞争招标，2 艘建造合同于 2014 年 1 月 23 日签订。

表 20.1 "望加锡"级两栖船坞登陆舰情况

序号	舰号	名称	下水	服役	备注
1	590	望加锡（Makassar）	2006.12.07	2007.04.29	在役
2	591	泗水（Surabay）	2007.03.23	2007.08.01	在役
3	592	班达亚齐（Banda Aceh）	2008.08.28	2009.11.28	在役
4	593	班加马辛（Banjarmasin）	2010.03.19	2011.03.21	在役
秘鲁					
5	156	皮斯科（Pisco）	2017.04.25	2018.06.06	在役
6		派塔（Paita）	预计 2019	预计 2020	2017.10 铺设龙骨
菲律宾					
7	LP-601	丹辖（Tarlac）	2016.01.18	2016.06.01	在役
8	LP-602	南达沃（Davao del Sur）	2016.09.29	2017.05.31	在役

20.2 "苏哈托博士"号两栖船坞登陆舰

20.2.1 简介

"苏哈托博士"号是印度尼西亚海军的一艘两栖船坞登陆舰，原命名为"丹戎·达尔佩勒"号（Dr Soeharso），2001 年正式与韩国签订建造合同，2002 年开工，2003 年 5 月 17 日下水，2003 年 9 月服役，造价 3500 万美元，由韩国釜山江南造船工程有限公司建造，舰号 972（图 20.3）。

在 2004 年印度洋大海啸以后，以及连年地震、海啸的连番侵袭中，"丹戎·达尔佩勒"号表现出了良好的医疗救灾和物资运输能力，2007 年 8 月 1 日，改为多用途医疗船，以提高海军医疗救援能力，并重新命名为"苏哈托博士"（Dr Soeharso）号，舰号改为 990。"丹戎·达尔佩勒"号的内货舱改为海上医院，除执行海上医疗救护任务外，也可以执行海上巡逻、搜索救援等任务。刚服役不久的 2005 年 9 月 19 日，印度尼西亚海军曾使用舰炮向中国渔船野蛮开火，在护鱼行动中扮演了不光彩的角色。

20.2.2 性能参数

标准排水量：11300 吨

满载排水量：16000 吨

舰长：122.0 米

舰宽：22.0 米

吃水：6.7 米

航速：15 节

续航力：8600 海里（12 节）

编制员额：舰员 75 人，外加 65 名医疗人员和 40 张病床

动力系统：2 台柴油发动机，双轴推进

登陆艇：2 艘 23 米机械化部队登陆艇

装载：14 辆轻型坦克，400 名士兵

武器装备：1 座 40 毫米、70 倍口径火炮，2 门厄利空 20 毫米高射炮，2 挺 12.7 毫米机枪

直升机：2 架 NAS332 "超级美洲豹" 中型直升机

图 20.3　"苏哈托博士"号两栖船坞登陆舰

20.3 "塔科马"级坦克登陆舰

20.3.1　简介

1979—1981 年，印度尼西亚海军为了进一步发展两栖作战能力，分两批从韩国采购了 6 艘可搭载直升机的"塔科马"（Tacoma）级坦克登陆舰，由韩国塔科马（Tacoma）造船公司建造，并以印度尼西亚的海湾名分别命名了这 6 艘登陆舰，首舰为"塞芒卡湾"（Teluk Semangka）号，所以该级舰也可称为"塞芒卡湾"（Teluk Semangka）级。6 艘舰到 1982 年全部完成服役，最后 2 艘设有机库和指挥设施。该

级舰可用于运输人员、援助物资、其他重型设备以及帮助灾后重建。图 20.4 为"塔科马"级"曼达尔湾"号坦克登陆舰。

2001 年 2 月，雅克暴徒追杀马都拉人，包括妇女、儿童和老人。本土雅克人对马都拉人移民的血腥袭击造成数百人死亡，其中大多是马都拉人。暴乱导致成千上万的难民试图逃离，他们盼望登上海军舰艇，带他们远离造成超过 210 人死亡的民族暴力冲突。不幸的是，那里聚集了大约 20000 名难民，但只有"桑波特湾"号一艘舰停靠在桑波特以南 40 千米。这艘船的装载能力小于 2000 人，大多数马都拉人移民不得不等待从东爪哇的泗水派遣的"恩德湾"号的到来。2001 年 2 月 26 日，"恩德湾"号装载超过 3200 名难民抵达印度尼西亚的第二大海港泗水港，第二天早上，又返回冲突地区。

图 20.4　"曼达尔湾"号坦克登陆舰

2006 年 11 月 27 日，印度尼西亚海军"恩德湾"号在泗水还被拍到有红十字会的标志。

2009 年 4 月 14 日到 16 日，印度尼西亚海军舰"哈亚尔德旺塔拉（364）"号和"恩德湾（517）"号对文莱达鲁萨兰国进行了三天的友好访问，到达穆阿拉港，受到了文莱海军高级军官和印度尼西亚共和国大使馆官员迎接。

20.3.2　性能参数

满载排水量：3770 吨

舰长：100.0 米

舰宽：15.4 米

吃水：4.2 米

航速：15 节

续航力：7500 海里（13 节）

编制员额：90 人（含 13 名军官）

动力系统：2 台柴油机，总功率 5046 千瓦，双轴推进

装载能力：1800 吨（抢滩作战时，690 吨），202 名作战人员，2 艘车辆人员登陆艇

武器装备：2 座 40 毫米、70 倍口径博福斯式高射炮，2 座 20 毫米、70 倍口径防空火炮，2 挺 12.7 毫米机枪

雷达：台卡导航

直升机：1 架"黄蜂"直升机，或 3 架"超级美洲豹"直升机（516，517）

20.3.3 同级舰

该级舰共建造 6 艘，目前在役 5 艘，见表 20.2。"恩德湾"号（517）是该级大型登陆舰建造的最后一艘船，改为医院船。

表 20.2 "塔科马"级坦克登陆舰情况

序号	舷号	名称	下水	服役	备注
1	512	塞芒卡湾（Teluk Semangka）		1981.01.20	退役，当靶舰被击沉
2	513	彭尤湾（Teluk Penyu）		1981.01.20	在役
3	514	曼达尔湾（Teluk Mandar）		1981.07	在役
4	515	桑波特湾（Teluk Sampit）		1981.06	在役
5	516	班登湾（Teluk Banten）		1982.05	在役
6	517	恩德湾（Teluk Ende）		1982.09.02	在役，改医院船

第二十一章 泰国海军

21.1 "西昌"级两栖登陆舰

21.1.1 简介

"西昌"(Sichang)级两栖登陆舰是泰国海军订购的两栖登陆舰,按照法国"诺梅德"(Normed)级设计,由意泰造船有限公司建造,所以又称为"诺梅德"级。虽然两艘舰为同一个级,但吨位有较大差异。图21.1为"素林"号两栖登陆舰。

图21.1 泰国海军中型登陆舰"素林"号两栖登陆舰

21.1.2 性能参数

满载排水量：3540 吨（721），4520 吨（722）

舰长：103 米

舰宽：15.7 米

吃水：3.5 米

航速：16 节

续航力：7000 海里（12 节）

编制员额：129 人

动力系统：2 台柴油机，总功率 7060 千瓦

装载能力：弹药物资 850 吨，13 辆 M60 坦克，12 辆空降突击车，6 辆卡车

登陆艇：4 艘车辆人员登陆艇

武器装备：40 毫米、70 倍口径博福斯式高射炮（721 舰 1 座，722 舰 2 座），2 挺莱茵钢铁集团 20 毫米机关炮，2 挺 12.7 毫米机枪

直升机：直升机甲板，1 架贝尔公司 212 中型直升机

海军陆战队员：339 人（721），354 人（722）

雷达：台卡导航系统

控制系统：BAe Sea Archer Mk. 1A mod. 2

21.1.3 同级舰

该级舰建造 2 艘，见表 21.1。

表 21.1 "西昌"级两栖登陆舰情况

序号	舰号	名称	下水	服役	备注
1	721	西昌（Sichang）		1987.10.09	在役
2	722	素林（Surin）		1988.12.16	在役

21.2 "红统府"号两栖船坞登陆舰

21.2.1 简介

"红统府"（Ang Thong）号两栖船坞登陆舰，是泰国海军从新加坡订购的一艘"坚韧"（Endurance）级两栖船坞登陆舰。其由新加坡海事科技公司（STM）负责，以"坚韧"级两栖船坞登陆舰为蓝本建造。

2000年，泰国海军招标购买一艘具备各种搭载机能（包括直升机、两栖载具、车辆、物资、人员等）的两栖船坞运输舰，强化泰国海军的运输与人道救灾能力。在竞标中，新加坡海上科技（STM）集团以新加坡海军承造的"坚韧"级船坞登陆舰为基础的设计方案击败包括中国等对手，获得泰国海军的认同。2008年11月11日，泰国与新加坡海上科技集团签订建造合同，包括一艘"坚韧"级两栖船坞登陆舰，相关的登陆艇（2艘长23m的机械化部队登陆艇（LCM），载质量18吨；2艘长13m的车辆人员登陆艇（LCVP），载质量3.6吨），总价值2亿新加坡币（约1.3亿美元）。舰上将使用丹麦Terma主导开发的C-Flex作战管理系统和C-Search雷达套件（包括斯坎恩特4100搜索雷达、敌我识别系统、C-Fire射控雷达系统等）。

该舰于2009年7月开始建造，2011年3月20日下水，2011年3月21日，新舰命名为"红统府"号，舷号L-791，2012年4月19日交付泰国海军（图21.2～21.3）。

图21.2 "红统府"号两栖船坞登陆舰

21.2.2 性能参数

标准排水量：6500吨

满载排水量：8500吨

舰长：141米

舰宽：21米

吃水：5米

图21.3 "红统府"号两栖船坞登陆舰坞舱压水状态

航速：18节

编制员额：130名

动力系统：全柴联合动力，2台拉斯顿16RK 270柴油机，每台功率5500千瓦，2具可调距螺旋桨

登陆艇：2艘机械化部队登陆艇，4艘车辆人员登陆艇

武器装备：1门76毫米舰炮，2门30毫米高射炮，2挺12.7毫米机枪，2套双联装"西北风"（Mistral）防空飞弹发射器

装载能力：20辆战车，或19辆两栖运兵车，360名武装士兵

直升机：多架SH-60直升机或CH-47直升机

飞行设施：飞行甲板可同时操作2架直升机

第二十二章 土耳其海军

22.1 "奥斯曼·加齐"号登陆舰

22.1.1 简介

"奥斯曼·加齐"（Osman Gazi）号登陆舰（舷号 NL-125）是土耳其海军 20 世纪 90 年代初期建造的一级两栖战舰，设计完全采用"三防"功能，装备了为指挥、两栖作战需要的一切必要装备，比"萨鲁查贝伊"级的运输能力提高了近 50%。"奥斯曼·加齐"号是以奥斯曼帝国的创始人和奥斯曼帝国老兵的全部音译命名的。

"奥斯曼·加齐"号由 Taşkızak 海军造船厂建造，1990 年 7 月 20 日下水，1994 年 7 月 27 日服役。它是土耳其自主设计的第三代两栖舰船，具有所有土耳其大型两栖舰船的特点。它的建造周期比计划长，而第 2 艘的建造计划于 1991 年被取消。该舰有一个较大的空间可供直升机起降。它有一个舰首门，但没有坞舱，舰尾有两个小门用于布雷。

22.1.2 性能参数

满载排水量：3773 吨

舰长：104.98 米

舰宽：16.1 米

设计吃水：4.75 米

航速：17 节

续航力：4000 海里（15 节）

编制员额：109 人（包括 9 名军官）

动力系统：2 台 MUT-12V-1163TB73 柴油发动机，功率 6500 千瓦，双轴推进

登陆艇：4 艘车辆人员登陆艇

装载能力：15 辆坦克，900 名作战人员

武器装备：1 座 Oerlikon 双 35 毫米、90 倍口径火炮，2 座 Bofors40 毫米、70 倍口径火炮，2 座 Oerlikon20 毫米火炮

导航系统：台卡导航雷达

直升机：有直升机起降平台

22.2 "萨鲁查贝伊"级登陆舰

22.2.1 简介

"萨鲁查贝伊"（Sarucabey）级是土耳其自主设计的第二代两栖舰船，由伊斯坦布尔的 Taşkızak 海军造船厂建造，是"查卡贝伊"（Çakabey）级的放大版本。

和其他土耳其海军大型两栖舰船一样，也具有布雷功能。

22.2.2 性能参数

满载排水量：2600 吨

舰长：92 米

舰宽：14 米

设计吃水：2.3 米

航速：14 节

编制员额：109 人（包括 9 名军官）

动力系统：3 台柴油发动机，功率 3177 千瓦，三轴推进

登陆艇：2 艘人员车辆登陆艇

装载能力：11 辆坦克，12 辆车辆，600 名作战人员

武器装备：3 座 Bofors40 毫米、70 倍口径火炮，2 座双管 Oerlikon20 毫米火炮，120～150 枚深水炸弹

导航系统：台卡 1226 导航雷达

飞行设施：直升机起降平台

22.2.3 同级舰

该级舰建造 2 艘，见表 22.1。

表 22.1　"萨鲁查贝伊"级登陆舰情况

序号	舷号	名称	下水	服役	备注
1	NL-123	萨鲁查贝伊（Sarucabey）	1981.07.30	1985.05.31	在役
2	NL-124	卡拉米赛尔贝（Karamurselbey）	1984.07.26	1986.08.01	在役

22.3 "拜拉克塔尔"级坦克登陆舰

22.3.1 简介

"拜拉克塔尔"（Bayraktar）级登陆舰是土耳其海军最新建造的一级大型坦克登陆舰，满载排水量达 7000 吨，建造合同于 2011 年 5 月 11 日由土耳其国防部和阿迪克 Furtrans 船厂签署，造价 3.7 亿欧元，首舰于 2017 年 4 月 26 日交付土耳其海军服役，其模拟图如图 22.1 所示，图 22.2 为其服役后图片。

图 22.1　"拜拉克塔尔"级登陆舰效果图

该级舰能够装载 20 辆主战坦克和 24~60 辆运输车辆，投送 350 名作战人员。舱内封闭的车辆停放甲板面积 1100 $米^2$，上甲板车辆停放甲板面积 690 $米^2$。

防卫武器包括 2 座单管 40 毫米奥托梅拉拉火炮，2 座双管 20 毫米厄利康高射炮，2 套 Mk15 密集阵近程防卫系统，2 挺机枪。

该级舰装备了一般登陆舰不装备的 SMART-S Mk2 型 3D 对空/对海搜索雷达、土耳其 AselFLIR-300D 光电火控雷达、鱼雷对抗系统、激光告警接收机和 16/22 数据链系统。所有雷达、武器等均由一套 GENESIS CMS 控制系统控制。

图 22.2　"拜拉克塔尔"号坦克登陆舰

22.3.2　性能参数

满载排水量：7125 吨

舰长：138.7 米

舰宽：19 米

设计吃水：3 米

航速：18 节

续航力：6000 海里（15 节）

编制员额：176 人

装载能力：1200 吨或 20 辆主战坦克，24~60 辆车辆，486 名作战人员

武器装备：2 座 Bofors40 毫米火炮，2 座双管 20 毫米厄利康高射炮，2 座 Mk15 密集阵，2 挺 12.7 毫米机枪

雷达：Smart Mk2 3D 搜索雷达，Asel FLIR 300D 光电火控雷达

动力系统：4 台柴油机

登陆艇：4 艘登陆艇

飞行设施：有重型直升机起降平台，一个起降点，无机库

22.3.3　同级舰

该级舰建造 2 艘，见表 22.2。

表 22.2　"拜拉克塔尔"级登陆舰情况

序号	舰号	名称	下水	服役	备注
1	L402	拜拉克塔尔（Bayraktar）	2015.10.03	2017.04.14	在役
2	L403	桑卡特塔尔（Sancaktar）	2016.07.16	2018.04.07	在役

第二十三章　菲律宾海军

23.1 "拉古纳"号和"本格特"号坦克登陆舰

23.1.1 简介

菲律宾先后共从美国获得 LST1 – 511/512 – 1152 级坦克登陆舰 26 艘。一部分是 1947—1948 年引进的，一部分是 1975—1976 年引进的。目前大部分退役，仅剩 2 艘在役。

"拉古纳"（Laguna）号（舷号 LT – 501）和"本格特"（Benguet）号（舷号 LT – 507，见图 23.1）坦克登陆舰是原美国 LST – 1/542 级坦克登陆舰。菲律宾先后共购进 7 艘，大部分退役。"拉古纳"号原为美国第二次世界大战期间建造的 LST – 1 级 LST – 230 号登陆舰，由芝加哥桥梁和钢铁公司建造，1943 年 6 月 10 开始铺设龙骨，1943 年 10 月 12 日下水，1943 年 11 月 3 日服役。第二次世界大战期间被派到欧洲战场，1944 年 6 月，参加了诺曼底登陆。战后，1945 年 9 月到 1946 年 3 月被派往远东，1946 年 3 月 4 日返回美国并退役。1952 年 3 月 31 日，转给日本，舷号改为 T – LST – 230。1976 年 9 月 13 日转给菲律宾海军，重新命名为"拉古纳"号，舷号改为 LT – 501，"拉古纳"是菲律宾民族英雄约瑟·利萨（Jose Rizal）出生的地方。

"本格特"（Benguet）号（舷号 LT – 507）原为美国第二次世界大战期间建造的 LST – 542 级"戴维斯郡"（Daviess County）号（舷号 LST – 692）登陆舰，参加了第二次世界大战和朝鲜战争。该舰由印第安纳州杰斐逊维尔造船和机械公司建造，1944 年 2 月 7 日开始铺设龙骨，1944 年 3 月 31 日下水，1944 年 5 月 10 日服役，该舰由阿尔玛·沃克夫人赞助。第二次世界大战期间被派往欧洲战场，1944 年 8 月到 10 月参加了法国南部的占领行动，1946 年退役后放置在储备舰队，1951 年重新服役，参加了朝鲜战争。1976 年 9 月 13 日转给菲律宾海军，并重新命名为"本格特"号，舷号改为 LT – 507，本格特是菲律宾吕宋岛科迪勒拉行政区的一个省。

图23.1 "本格特"号登陆舰三宝颜港（2009年1月19日）

1999年，"本格特"号舰开始在斯卡伯勒浅滩驻守，我国政府立刻要求菲律宾移走，菲律宾答应立刻移走，然而，菲律宾在朱镕基总理访问马尼拉前仅仅从斯卡伯勒浅滩移开了一段距离，后来菲律宾将其移走，2004年再次驻扎在帕加萨岛，移走后仍在菲律宾海军服役。

23.1.2　性能参数

标准排水量：1809 吨

满载排水量：3942 吨

舰长：100 米

舰宽：15 米

空载吃水：0.71 米（舰首），2.29 米（舰尾）

满载吃水：2.49 米（舰首），4.29 米（舰尾）

设计吃水：2.40 米（舰首），4.37 米（舰尾）

航速：12 节

编制员额：100～115 名，8～10 名军官

动力系统：2 台 General Motors 12-567 柴油机，双轴推进

装载能力：2 或 6 艘通用人员车辆登陆艇（LCVP），大约 140 登陆人员（含军官和士兵）

武器装备："拉古纳"号，5 门 40 毫米火炮，6 门 20 毫米机关炮，2 挺 12.7 毫

米机枪，4 挺 7.62 毫米机枪

"本格特"号，1 座 76 毫米、50 倍口径火炮，8 门 40 毫米火炮，12 门 20 毫米机关炮

23.1.3 同级舰

菲律宾先后共从美国获得 LST1－511/512－1152 级坦克登陆舰 26 艘（包括"马德雷山"号），目前有 2 艘在役，表 23.1 是 26 艘登陆舰中的一部分舰的情况，图 23.2 是"萨马"号登陆舰。

表 23.1 "拉古纳号和本格特"号坦克登陆舰情况

序号	舷号	名称	美国服役	菲律宾服役	备注
1	LT－57	马德雷山（Sierra Madre）	1944，LST821	1976.04.05	见 23.3 节
2	LT－86	三宝颜（Zamboanga Del Sur）	1944，LST935		退役
3	LT－87	可塔巴托（Cotabato Del Sur）	1944，LST529		退役
4	LT－501	拉古纳（Laguna）	1943，LST230	1976.09.13	在役
5	LT－504	北拉瑙（Lanao Del Norte）	1944，LST566	1976.05.13	退役
6	LT－507	本格特（Benguet）	1944，LST692	1976.09.13	在役
7	LT－508	奥罗拉（Aurora）	1944，LST822	1976.09.13	退役
8	LT－510	萨马（Samar Del Norte）	1944，LST1064	1976.09.24	退役
9	LT－511	可塔巴托（Cotabato Del Norte）	1944，LST1096	1976.09.01	退役
10	LT－516	卡林阿（Kalinga Apayo）	1944，LST786	1976.09.13	退役

图 23.2 "萨马"号登陆舰

23.2 "巴克洛德城"级登陆舰

23.2.1 简介

"巴克洛德城"（Bacolod City）级是菲律宾海军最新的一级登陆舰，也称为后勤支援舰，为了增加直升机携带能力，该舰基于美国通用"弗兰克·s. 贝松"级后勤支援舰设计。该级舰由美国密西西比州斯卡拖帕的哈尔特莫斯普安造船厂建造，首舰"巴克洛德城"号于1993年12月服役（图23.3）。这2艘舰是菲律宾政府按照美国对外军售计划购买的崭新的军舰。服役后，主要用于军事和和平救援的任务，并多次参加外国海军的军事演习。

图23.3 "巴克洛德城"号在2008年与美国进行的肩并肩联合军事演习中（远处为美国"艾塞克斯"号）

该级舰由 2 台通用公司的 16-645EZ6 柴油机驱动，总功率 4300 千瓦，推动两具螺旋桨。

作为两栖运输舰，其武器系统仅仅满足防卫目的，在前甲板安装有 4 挺 7.62 毫米机枪，在 2 艘车辆人员登陆艇附近安装有 2 座 20 毫米厄利康高射炮。

该级舰的主要任务是为岸滩、偏远欠发达沿海和内陆水道直接运送液货和干货物资，因为它不需要额外的起重机和港口装卸设施。即使只有 4 英尺（1.08 米）的水深，仍能在满载情况下登滩，这种能力拓展了登陆地点，同时也减少了在进行后勤保障时潜在敌人的威胁。

该级舰可以装载 48 个标准集装箱，或 2280 吨的车辆或一般干货物资，在越岸后勤支援或两栖支援时具有装载 900 吨物资的能力。坡道和主甲板能够支持滚装车辆和主战坦克。

23.2.2　性能参数

满载排水量：4265 吨

舰长：83 米

舰宽：18 米

设计吃水：3.7 米

航速：12 节（最大），10 节（持续），9 节（经济）

续航力：8300 海里（10 节）

编制员额：6 名军官和 24 名士兵

动力系统：2 台 GM EMD 16V-645E6 柴油机，4300 千瓦，辅助发电机 130 千瓦

装载能力：2 艘通用人员车辆登陆艇（LCVP）放置在吊艇架上，2280 吨（登陆作战时 900 吨）的车辆或集装箱或货物和 150 名作战人员

电子设备：美国雷声公司的 SPS-64（V）2 I 波段导航雷达

武器装备：2 座 Mk10 型 20 毫米厄利康高射炮，4 挺 7.62 毫米机枪

飞行设施：尾部设有直升机甲板（不携带直升机）

23.2.3　同级舰

该级舰共建造 2 艘，目前均在役，见表 23.2，图 23.4 为演习中的"达古潘城"号。

表 23.2　"巴克洛德城"级登陆舰情况

序号	舰号	名称	下水	服役	备注
1	LC-550	巴克洛德城（Bacolod City）		1993.12.01	在役
2	LC-551	达古潘城（Dagupan City）		1994.04.05	在役

图 23.4 "达古潘城"在 2009 年的肩并肩联合军事演习中

23.3 "马德雷山"号坦克登陆舰

23.3.1 简介

"马德雷山"（Sierra Madre）号登陆舰（舷号 LT-57）是原美国 LST-542 级坦克登陆舰，为美国第二次世界大战期间建造的 LST-542 级 LST-821 号登陆舰，1944 年 9 月 19 日在印第安纳州埃文斯维尔的密苏里谷桥梁和钢铁公司开始铺设龙骨，1944 年 10 月 27 日下水，1944 年 11 月 14 日服役。第二次世界大战期间，LST-821 号被分配到了亚洲-太平洋战区。1945 年 3 月 7 日，LST-821 号到达马绍尔群岛。1945 年 6 月，LST-821 参加了为期 4 个月的冲绳战役。第二次世界大战后，LST-821 号继续在远东地区服役，直到 1945 年 12 月上旬。这期间，LST-821 号获得了一个第二次世界大战的战斗奖章。

1946 年 3 月，LST-821 号退役回美，并分配到美国太平洋储备舰队。1955 年 7 月 1 日，所有剩余的 LST 军舰均以美国各县命名，LST-821 号被命名为"哈奈特郡"（Harnett County）号（舷号 LST-821）。

1966 年 8 月 20 日，LST-821 号再次服役，并参与越南战争，在越南海岸执行过若干次任务。LST-821 号获得了 8 项战斗星章，两个总统颁布嘉奖令，以及三个海军单位嘉许为越南战争战斗的奖项。1970年春天，LST-821号调作一艘巡逻艇（AGP-821），或说是鱼雷快艇供应舰。同年10月12日，LST-821号在关岛退役。在保障援助计划下，美国将LST-821号转移给南越使用，易名为RVNS My Tho（HQ-800）。HQ-800是在西贡的越南海军舰艇之一。

1975年4月，南越垮台，HQ-800舰和其他34艘南越舰艇一起航往菲律宾苏比克湾的美军基地。1976年4月5日，HQ-800被转移到菲律宾海军，易名为"马德雷山"号（舷号LT-57），成为当时菲律宾海军中一艘最大的水面战舰。

1999年，5月9日，美国轰炸中国驻南联盟大使馆的第二天，菲律宾政府趁火打劫，故意让破旧的坦克登陆舰"马德雷山"号驶往仁爱礁，称"船底漏水，不得已在仁爱礁西北侧礁坪坐滩"，强占南沙的仁爱礁（英文称作"第二托马斯浅滩"，菲律宾当地人称作"爱尤银礁"），从而形成了对此礁的实际控制，并借以成为菲律宾拥有南沙群岛主权的象征，扬言菲律宾对中国南沙群岛拥有领土主权。菲律宾海军将"马德雷山"号作为宣示主权之用，并作为军事观测站，由12名菲海军和海军陆战队人员驻守，如今这艘登陆舰已经破烂不堪（图23.5和图23.6）。随着中国海洋维权力量逐步加强，禁止菲军方对该船进行维护加固，使得船上的守军日子越来越不好过了。菲律宾外交部2014年3月14日发布声明称：军舰"马德雷山"（Sierra Madre）号是于1999年"停置"于爱尤银礁（即我仁爱礁），作为菲国政府永久设施。目前该舰仍作为前哨站停在我国南海海域。

图23.5 坐滩仁爱礁的"马德雷山"号登陆舰

23.3.2 性能参数

标准排水量：1651 吨

满载排水量：4145 吨

舰长：100 米

舰宽：15 米

空载吃水：0.71 米（舰首），2.29 米（舰尾）

满载吃水：2.49 米（舰首），4.29 米（舰尾）

航速：12 节

动力系统：2 台 General Motors 12-567，双轴推进

装载能力：2 艘通用人员车辆登陆艇，16 名军官，147 名战斗人员

武器装备：1 座单管 76 毫米、50 倍口径火炮，8 座 40 毫米火炮，12 座 20 毫米火炮

图 23.6 "马德雷山"号登陆舰

23.4 "望加锡"级两栖船坞登陆舰

"望加锡"（Makassar）级两栖船坞登陆舰是由韩国大宇造船与工程公司为印度尼西亚海军设计建造的，菲律宾海军订购了 2 艘 "望加锡" 级，并进行了改变，2013 年进行了竞争招标，由泗水海军造船厂建造，2 艘建造合同于 2014 年 1 月 23 日签订。首舰 "丹辘" 号于 2016 年 1 月 18 日下水，2016 年 6 月 1 日交付菲律宾海军

（图 23.7），第 2 艘"南达沃"号于 2016 年 9 月 29 日下水，2017 年 5 月 31 日交付菲律宾海军服役（图 23.8 和图 23.9）。

该型舰结构特点和性能参数均与印度尼西亚海军服役的"望加锡"级两栖船坞登陆舰相同，在此不再赘述。

图 23.7 "丹辘"号两栖船坞登陆舰

图 23.8 "南达沃"号两栖船坞登陆舰

图 23.9 "南达沃"号两栖船坞登陆舰

第二十四章 越南海军

24.1 LST-1/542 级坦克登陆舰

24.1.1 简介

越南 LST-1/542 级坦克登陆舰为原美国 LST-1/542 级坦克登陆舰，建造于 1943—1944 年，20 世纪 60 年代转让给南越海军，共 6 艘，南越失败后，一部分逃到了菲律宾，转给菲律宾海军继续服役，其中 3 艘被越南俘获，归属越南人民海军所有，见表 24.1。

表 24.1 美国转让给越南共和国（南越）登陆舰情况

序号	舰号	名称	南越获得	原舰情况	结果
1	HQ-500	金兰湾 (Cam Ranh)	1962.04.12	美国"马里昂郡"(Marion County) 号（舷号 LST-975）	1975.4，逃到菲律宾，"三宝颜"号（LT-86）
2	HQ-501	岘港 (Da Nang)	1962.07.12	美国"马里科帕郡"(Maricopa County) 号（舷号 LST-938）	1975.4.29，越南人民海军俘获，在役
3	HQ-502	施耐 (Thi Nai)	1963.12.17	美国"卡尤加郡"(Cayuga County) 号（舷号 LST-529）	1975.4，逃到菲律宾，"可塔巴托"号（LT-87）
4	HQ-503	头顿 (Vung Tau)	1969.04.04	美国"科科尼诺郡"(Coconino County) 号（舷号 LST-603）	1975.4.29，越南人民海军俘获
5	HQ-504	归仁 (Qui Nhon)	1970.04.08	美国"布洛克郡"(Bulloch County) 号（舷号 LST-509）	1975.4.29，越南人民海军俘获，舷号改为 QH-505，退役
6	HQ-505	芽庄 (Nha Trang)	1970.04.08	美国"杰罗姆郡"(Jerome County) 号（舷号 LST-848）	1975.4，逃到菲律宾，"阿古桑"号（LT-54）

在越南俘获的3艘舰中,2艘更换为苏联武器装备。在役的1艘也由于登陆舰的技术状态不好,目前主要用作后勤运输舰。

"岘港"(Da Nang)号为美国原"马里科帕郡"(Maricopa County)号(舷号LST-938),1944年8月15日下水,1944年9月9日服役。第二次世界大战期间,在南太平洋新赫布里底群岛(瓦努阿图的旧称)服役,1945年7月27日到达菲律宾。随着战争的结束,1945年9月15日,投送占领部队到东京,继续服役到11月30日。接下来在中国海岸巡逻,直到1946年5月13日才离开青岛返回美国。朝鲜战争爆发后,1951年12月14日,它重新服役,作为海军陆战队训练船。朝鲜战争结束后,1956年2月29日退役。随后,1961年10月,被拖到费城海军船厂进行维修,准备新的用途。1962年6月1日,从美国海军舰艇中除名,转交给南越海军(越南共和国海军),1962年7月12日,重新命名为"岘港"号(舷号HQ-501),开始在南越海军服役。1975年4月29日,西贡失陷后被北越俘获,加入越南人民海军服役,重新命名为"陈庆余"(Tran Khanh Du)号,舷号仍保留HQ-501(图24.1)。

图24.1 "岘港"号登陆舰

"头顿"(Vung Tau)号为美国原"科科尼诺郡"(Coconino County)号(舷号LST-603),1944年3月14日下水,1944年4月5日服役。第二次世界大战期间,在欧洲战场服役,1944年8月和9月,参加了占领法国南部行动。战后,服务于美国大西洋舰队两栖作战部队,1950年部署到地中海,1955年5月12日退役。1966年6月8日重新服役,参加越南战争,直到1969年4月4日转给越南共和国海军,重新命名为"头顿"号,舷号QH-503。1975年4月,南越倒台,北越俘获,在越南人民海军服役,舰名和舷号未变(图24.2)。

"归仁"(Qui Nhon)号为美国原"布洛克郡"(Bulloch County)号(舷号LST-509),1943年11月23日下水,1944年1月20日服役。第二次世界大战期间,在欧洲战场服役,参加了诺曼底登陆,随后返回美国,1955年7月1日命名为"布洛克郡"。1966年重新服役,参加越南战争,1970年4月8日退役并转给南越海军服役,命名为"归仁"号,舷号HQ-504。1975年越南战争结束,该舰被越南俘获,舷号改为QH-505。1988年3月14日的南沙海战中,在赤瓜礁海战时被我国海军

531 舰击中，严重损坏，越南人民海军试图拖回金兰湾维修的途中沉没。

图 24.2 "头顿"号登陆舰

24.1.2 性能数据

标准排水量：1651 吨

满载排水量：3698 吨

艇长：100 米

艇宽：15.24 米

空载吃水：0.79 米（舰首），2.29 米（舰尾）

装载吃水：2.49 米（舰首），4.29 米（舰尾）

满载吃水：2.40 米（舰首），4.37 米（舰尾）

航速：12 节

续航力：6000 海里（10 节）

编制员额：89～100 人（军官 10 人）

动力系统：2 台 General Motors 12 – 567 柴油机，1700 马力（1 马力 = 0.735 千瓦），双轴推进

登陆艇：2 艘车辆人员登陆艇

装载能力：130 名人员

武器装备：4 门双管 37 毫米舰炮（HQ – 501 为 2 门双管、4 门单管 40 毫米舰炮，4 门 20 毫米单管舰炮）

舰载机：无

电子设备：导航雷达等

24.1.3 同级舰

该级舰共 3 艘，1 艘被我海军击毁，1 艘退役，1 艘现役中，但已很少在海上活动，见表 24.2。

表 24.2　越南人民海军 LST1/512 级登陆舰

序号	舷号	名称	下水	越南海军服役	备注
1	HQ-501	岘港（Da Nang, Tran Khanh Du）	1944.08.15	1975.04.29	原美国海军"马里科帕郡"（Maricopa County）号（舷号 LST-938），在役
2	HQ-503	头顿（Vung Tau）	1944.08.15	1975.04.29	原美国海军"科科尼诺郡"（Coconino County）号（舷号 LST-603），退役
3	HQ-505	归仁（Qui Nhon）	1943.11.23	1975.04.29	原美国海军"布洛克郡"（Bulloch County）号（舷号 LST-501），1988 年沉没

24.2 "北方"级中型登陆舰

24.2.1 简介

"北方"（Polnocny-B/Project771A）级中型登陆舰是越南海军 20 世纪 70 年代末自苏联引进的中型坦克登陆舰，共引进 3 艘，苏联的项目号为 771A，西方国家称其为"北方"-B级。

"北方"级是在波兰设计，1967—2002 年在波兰建造，与苏联海军合作的两栖作战舰艇。和西方坦克登陆舰相似，高艇首，长甲板延伸至舰中后方的上层建筑；低矮的上层建筑轮廓平直，舰桥位于其顶部；主桅（框架式或三角式）位于中央上层建筑上；烟囱轮廓低矮，位于上桅后方；上层建筑后缘呈阶梯状直至短小的后甲板；设计有首门跳板以方便抢滩登陆。"北方"-C 级可以装载 8 辆装甲运兵车或 250 吨物资。不像西方设计思路，这些舰船安装有多管火箭发射器，以及防空武器和短距舰空导弹，可以为登陆部队提供强力火力支援。

HQ-511 原为苏联 SDK-71 坦克登陆舰，1969 年 5 月 18 日铺设龙骨，1969 年 11 月 15 日下水，1970 年 3 月 25 日服役，舷号 771A/28，1979 年 5 月出售给越南海军（图 24.3）。

图 24.3　HQ-511 中型坦克登陆舰

HQ-512 原为苏联 SDK-112 坦克登陆舰，1968 年 4 月 11 日铺设龙骨，1969 年 6 月 28 日下水，1969 年 10 月 31 日服役，舷号 771A/25，1980 年 1 月出售给越南海军（图 24.4）。

图 24.4　HQ-512 中型坦克登陆舰

HQ-513 原为苏联 SDK-74 坦克登陆舰，1969 年 7 月 11 日铺设龙骨，1970 年 1 月 31 日下水，1970 年 5 月 30 日服役，舷号 771A/30，1980 年 4 月出售给越南海军。

24.2.2　性能数据

标准排水量：805 吨

满载排水量：857 吨

舰长：75.15 米

舰宽：9.02 米

吃水：2.07 米

航速：18.4 节

续航力：2000 海里（16 节）；1000 海里（18 节）

自持力：5 天

编制员额：37 人（军官 4 人）

动力系统：2 台 40DM 柴油机，总功率 3234 千瓦，双轴推进，固定螺旋桨，4 台 52 千瓦的柴油发电机

装载能力：6 辆主战坦克和 204 名武装人员，或 10 辆 ZIS-151 军用卡车和 204 名武装人员

武器装备：2 门 AK-230 双管 30 毫米舰炮，2 座 WM-18A 型 18 管 140 毫米火箭发射装置（180 发弹药）

电子设备：MR-104 火控雷达；"顿涅茨"-2 导航雷达；Khrom-K 电子战系统；ARP-50R 电子侦向仪等

舰载机：无

24.2.3 同级舰

该级舰共购买 3 艘,均在役,见表 24.3。

表 24.3 "北方"级中型登陆舰情况

序号	舰号	下水	越南海军服役	备注
1	HQ–511	1969.11.15	1979.05.16	原苏联 SDK–71,在役
2	HQ–512	1969.06.28	1980.01.04	原苏联 SDK–112,在役
3	HQ–513	1970.01.31	1980.04.14	原苏联 SDK–74,在役

第二十五章 摩洛哥海军

25.1 "西迪·穆罕默德·本·阿卜杜拉"号坦克登陆舰

25.1.1 简介

"西迪·穆罕默德·本·阿卜杜拉"（Sidi Mohammed Ben Abdellah）号坦克登陆舰是摩洛哥海军1994年8月16日从美国购买的一艘"新港"级坦克登陆舰，为美国"布里斯托尔郡"（Bristol County）号（舷号LST－1198）。该舰由美国国家钢铁和造船公司建造，1971年2月13日在加利福尼亚圣迭戈开工，1971年10月4日下水，1972年8月5日服役，1994年7月29日退役。

根据安全援助计划，该舰出售给摩洛哥海军，命名为"西迪·穆罕默德·本·阿卜杜拉"号，舷号BSL－407（图25.1）。具体结构特点可参考美国"新港"级坦克登陆舰。

图25.1 停泊在摩洛哥卡萨布兰卡市港口的"西迪·穆罕默德·本·阿卜杜拉"号登陆舰

25.1.2 性能参数

标准排水量：5273 吨

满载排水量：8833 吨

舰长：195.11 米

舰宽：21.34 米

设计吃水：5.79 米

航速：20 节

编制员额：14 名军官，210 名士兵

动力系统：6 台柴油机，总功率 11760 千瓦，双轴推进，双可调螺距螺旋桨，有舰首推进器（单可调螺距螺旋桨）

登陆艇：4 艘登陆艇

装载能力：23 辆坦克，400 名陆战人员和武器装备，500 吨物资

武器装备：4 座双 76 毫米、50 倍口径火炮，1 座 20 毫米密集阵近程防空系统

飞行设施：后甲板有直升机起降平台

25.2 "巴特拉尔"级坦克登陆舰

25.2.1 简介

"巴特拉尔"（Batral）级登陆舰是摩洛哥海军订购的法国海军"巴特拉尔"级中型坦克登陆舰。法国海军建造该级舰主要用于法国海外部门和地区的区域性运输、巡逻。

"巴特拉尔"级登陆舰在机库内和甲板上可以装载 400 吨物资，能够在港口码头或滩涂装卸载物资，2 艘平底登陆艇每艘可以装载和卸载 50 人和轻型车辆。居住条件满足 5 名军官、15 名海军士官和 118 名其他人员生活需要，或者一个连队。直升机甲板可以起降轻型直升机，也可以运输重型直升机。

该级舰仅有一层贯通式甲板，坦克舱在首部，舱内有一个活动隔板，装载登陆兵和车辆时隔开。主甲板、坦克舱和居住舱均为水密舱结构，首门、跳板和斜坡板均有液压系统操作。

摩洛哥版本的"巴特拉尔"级主尺度、动力与法国版相同，但满载排水量增加了 80 吨。该级舰 1975 年订购，并开始由法国杜比隆·诺曼底公司建造，首舰"阿布·阿卜杜拉·埃尔·阿亚齐"号于 1976 年下水，1977 年 5 月交付摩洛哥海军服役（图 25.2）。

图 25.2 "阿布·阿卜杜拉·埃尔·阿亚齐"号登陆舰

25.2.2 性能参数

标准排水量：770 吨

满载排水量：1409 吨

舰长：80 米

舰宽：13 米

吃水：2.4 米

航速：16 节

续航力：4500 海里（13 节）

自持力：15 天（投送人员时为 10 天）

编制员额：44 人（3 名军官，15 名海军士官，26 士兵）

动力系统：2 台瓦锡兰集团阿尔萨斯机械制造公司 UD 33 V12 M4 柴油发动机，功率 2650 千瓦，2 台 180 千瓦的发电机，双轴推进，4 叶螺旋桨

登陆艇：2 艘车辆人员登陆艇，2 艘船载尖尾救生艇（1 艘为 10 座，1 艘为 6 座）

装载能力：140 名作战人员，12 辆车辆

雷达：1 台 DECCA 1226 导航雷达，国际海事卫星系统

武器装备：2 座 40 毫米防空火炮，2 挺 12.7 毫米机枪，2 套 81 毫米迫击炮

飞行设施：直升机甲板可起降 6 吨级别的直升机

25.2.3 同级舰

在摩洛哥海军共服役 3 艘，见表 25.1。

表 25.1　摩洛哥海军"巴特拉尔"级坦克登陆舰

序号	舷号	名称	服役	备注
1	402	达乌德·本·艾莎（Daoud Ben Aicha）	1977.05.28	在役
2	403	艾哈迈德·艾·沙卡利（Ahmed Es Sakali）	1977.09.01	在役
3	404	阿布·阿卜杜拉·埃尔·阿亚齐（Abou Abdallah El Ayachi）	1978.03.01	在役

第二十六章 阿曼海军

26.1 "富尔克·萨拉马"号两栖运输舰

26.1.1 简介

"富尔克·萨拉马"(Fulk al Salamah)号是阿曼海军的一艘多用途两栖运输舰和后勤支援舰,由德国不来梅瓦伦卡(现乐顺)造船厂建造,1986年1月17铺设龙骨,1987年4月3日建成服役,舷号L3(图26.1)。

图26.1 "富尔克·萨拉马"号两栖运输舰

26.1.2 性能参数

排水量:10864吨

舰长:125米

舰宽:14.3米

吃水：5.8 米

航速：19.5 节

动力系统：柴电推进系统，4 台柴油机，总功率 12.5 兆瓦，双轴推进

装载能力：240 人

飞行设施：有机库和飞行甲板（2 架"超级美洲豹"直升机）

26.2 "奈斯尔·巴赫尔"号坦克登陆舰

26.2.1 简介

"奈斯尔·巴赫尔"（Nasr al Bahr）号是阿曼海军的一艘中型坦克登陆舰，由英国布鲁克造船有限公司建造，1982 年开工建造，1984 年 5 月 16 日下水，1985 年 2 月 8 日服役，舷号 L2。该舰的围井甲板尺寸为长 75 米、宽 7.4 米，可停放车辆或装载物资。

26.2.2 性能参数

满载排水量：2500 吨

舰长：93 米

舰宽：15.5 米

吃水：2.5 米

航速：15.5 节

续航力：5000 海里（15 节）

编制员额：51 人（其中 13 名军官）

动力系统：2 台柴油发动机，总功率 5800 千瓦，双轴推进

登陆艇：2 艘车辆人员登陆艇

装载能力：240 名人员，7 辆坦克，或者 650 吨物资（抢滩时 450 吨物资）

武器装备：4 座 40 毫米 L70 防空火炮，2 座 20 毫米火炮

导航系统：台卡 TM-1229 导航雷达

直升机：1 架"超级美洲豹"直升机

飞行设施：直升机甲板

第二十七章　阿尔及利亚海军

27.1 "卡拉特·贝尼·阿贝斯"号两栖船坞登陆舰

27.1.1 简介

"卡拉特·贝尼·阿贝斯"（Kalaat Beni Abbes）号是阿尔及利亚海军的一艘后勤支援登陆舰（BDSL），是 2011 年 8 月阿尔及利亚与意大利签约购买的一艘改进设计的"圣·乔治奥"级登陆舰，合约价值大约 4 亿欧元。首艘命名为"卡拉特·贝尼·阿贝斯"号，舷号474，2012 年 1 月 11 日于芬坎蒂尼造船公司里瓦·特里戈索（Riva Trigoso）船厂切割第一块钢板，2014 年 1 月 8 日下水（图 27.1），2014 年 9 月 4 日交付。

图27.1　"卡拉特·贝尼·阿贝斯"号登陆舰下水

相较于原版"圣·乔治奥"级,"卡拉特·贝尼·阿贝斯"号大幅强化了防空作战装备,装备有欧洲多功能相控阵雷达以及 Aster-15 防空导弹组成的 SAAM 防空系统,舰上装有两组八联装 Sylver A-43 垂直发射器(位于右舷舰岛后方部位)来装填"紫菀"防空导弹。此外,舰上其他武器包括一座位于舰首奥托·梅莱拉 76 毫米舰炮、两座位于两舷的遥控 25 毫米机炮与 2~4 挺 12.7 毫米机枪,76 毫米舰炮与 25 毫米机炮都由 Alenia 的 NA-25 雷达射控系统指挥控制。舰上的电子战系统由 Thales 提供,并配备两具奥托·梅莱拉的 SCLAR-H 诱饵发射器。由于将作为阿尔及利亚海军的两栖作战和海外武力投送/任务中枢,"卡拉特·贝尼·阿贝斯"号也强化了指挥管制能力,舰上设有作战指挥室以及先进的指管通情装备,并能容纳指挥舰队作战的参谋人员。

与"圣·乔治奥"级相似,"卡拉特·贝尼·阿贝斯"号左舷设有 3 具门型吊车来挂载 3 艘车辆人员登陆艇,此外还可搭载两艘硬壳充气艇以及 1 艘人员登陆艇。舰尾坞舱可容纳 3 艘机械登陆艇;舰上编制约 150 名人员,能装载 440 名部队以及 15 辆装甲运兵车。舰岛前方与舰体后部各规划一个直升机起降区,舰上共可搭载 3 架中型直升机,并设有一个载质量 30 吨的甲板升降机(图 27.2)。

图 27.2 "卡拉特·贝尼·阿贝斯"号登陆舰

27.1.2 性能参数

满载排水量:9000 吨

舰长:143 米

舰宽：21.5 米

航速：20 节

续航力：6000 海里

编制员额：150 人

动力系统：2 台瓦锡兰公司 12V32 柴油机（芬坎蒂尼 GMT A 420.12），功率 6000 千瓦

登陆艇：3 艘车辆人员登陆艇，3 艘机械化登陆艇，1 艘巡逻艇

装载能力：440 名士兵，15 辆装甲运兵车，1000 吨物资

武器装备：1 座奥托·梅莱拉 76 毫米舰炮，2 座 25 毫米机炮，4 挺 12.7 毫米机枪，两组八联装 Sylver A-43 垂直发射器

雷达：NA-25 雷达射控系统，KRONOS 3D 搜索雷达

27.2 "卡拉特·贝尼·哈马德"级坦克登陆舰

27.2.1 简介

"卡拉特·贝尼·哈马德"（Kalaat Beni Hammed）级是阿尔及利亚海军的一艘中型坦克登陆舰，由英国布鲁克造船有限公司建造，1983—1984 年相继服役。该级舰安装有 2 吨的起重机用于物资装卸载。

27.2.2 性能参数

满载排水量：2450 吨

舰长：93 米

舰宽：15.5 米

吃水：2.5 米

航速：15 节

续航力：2000 海里（12 节）

编制员额：81 人

动力系统：2 台柴油发动机，总功率 5796 千瓦，双轴推进

登陆艇：2 艘车辆人员登陆艇

装载能力：380 吨物资

武器装备：1 座双 40 毫米 L70 防空火炮，2 座 20 毫米火炮，箔条干扰火箭发射装置

导航系统：台卡 TM–1226 导航雷达

直升机：1 架直升机

飞行设施：直升机甲板

27.2.3 同级舰

该级舰共建造 2 艘，见表 27.1。

表 27.1　"卡拉特·贝尼·哈马德"级坦克登陆舰情况

序号	舷号	名称	服役	备注
1	472	卡拉特·贝尼·哈马德（Kalaat Beni Hammed）	1983	在役
2	473	卡拉特·贝尼·拉希德（Kalaat Beni Rached）	1984	在役

第二十八章 其他国家

28.1 新西兰海军"坎特伯雷"号多功能舰

28.1.1 简介

"坎特伯雷"号是新西兰海军的一艘多功能舰（图 28.1），2007 年 6 月服役，是新西兰海军第二艘用此名命名的舰，第一艘是"利安德尔"级护卫舰。然而，该舰交付以来一直问题不断，认为适航性低于规范。按 2008 年的评估，改进操作性能至少要另外花费 2000 万新西兰元。

图 28.1 新西兰海军"坎特伯雷"号多功能舰

早在 1988 年，新西兰海军就提出在南太平洋进行补给的需要，1995 年，"查尔斯·阿伯翰"服役，由于政府连续的失误，2001 年被出售。

多功能运输舰建造被墨尔本威廉姆斯特尼克斯造船厂分包给荷兰马特威造船厂，设计基于商业滚装船，然而，设计在交付后由于在高海况下有许多局限性饱受多方的批评。

该舰 2005 年 9 月 6 日铺设龙骨，2006 年 2 月 11 日成功下水，2006 年 8 月下旬在荷兰完成初步海试到达澳大利亚，在那里完成军事装备的安装。最终，由于要改变舰的医疗功能和文件资料导致船交付时间被延期。新西兰政府于 2007 年 3 月 31 日接收了这艘多功能舰，2007 年 6 月 12 日开始服役，花费了 1.3 亿新西兰元。

28.1.2　结构特点

"坎特伯雷"号多功能舰的定位是为海军提供战术海运、巡逻和海上训练等。

功能 1：战术运输舰。

战术运输舰是"坎特伯雷"号多功能舰的主要功能。因此，该舰以滚装渡船为基础进行设计，所有设计都符合英国劳氏船级社的设计范围，只是为了适应一些特殊的军事用途才进行了一些改进，如增加了直升机机库、飞行甲板和部队所使用的居住舱室等。为了适应在高纬度寒冷地区执行任务，"坎特伯雷"号多任务舰还对船体进行了冰区加强，具有较强的破冰能力，可破开 40 厘米的冰面航行，允许在亚南极的水域航行，那里有数个岛被新西兰声称拥有主权，"坎特伯雷"号可以协助科学考察。

"坎特伯雷"号能够搭载 4 架 NH-90 直升机，用于支持新西兰陆军部署上岸和救灾活动，它还可以搭载 SH-2G 直升机，直升机甲板能够起降"支奴干"尺寸的直升机。船舱内还可运载 40 辆陆军新型装甲战斗车、250 名人员以及 30 个标准集装箱。

舰的装载空间为 1451 米^2，可以通过右舷或船尾的两个坡道卸载。可装载物资包括 14 辆平茨高尔轻型车辆、16 辆轻型装甲车、7 辆乌尼莫格卡车、2 辆救护车、2 辆平板卡车、7 辆车辆拖车、2 辆越野叉车、4 辆全地形车、33 个 20 英尺集装箱。舰上配置有喷洒灭火系统，可以装载 8 个弹药集装箱、2 个装载有害物资的集装箱。

为了能够迅速、容易地装卸载货物，"坎特伯雷"号还可提供多种装载方式。装甲战斗车和装备既可从位于船舶的坡道进入船舱内，也可以利用船中部的 2 台起重能力为 60 吨的起重机，通过飞行甲板上的舱盖口，装入船舱内。

功能 2：两栖舰。

"坎特伯雷"号具有两栖舰的功能。该舰配备了 2 艘中型登陆艇。这种登陆艇长 23 米、宽 6.4 米，空载排水量 55 吨，满载排水量 100 吨，可装载 2 辆轻型装甲车，安装 2 台矢量推进器，功率 235 千瓦，9 节航速续航力为 250 海里。它的登陆艇停放在船舱内，在需要登陆艇的时候，可利用液压控制的船尾坡道现将登陆艇卸下，也可以通过 2 台 60 吨起重机将登陆艇从飞行甲板上的舱口盖吊出，然后再使用船尾坡道将装甲车辆运至登陆艇上，最后由登陆艇将装甲车辆运送至滩头。

从经济性考虑，"坎特伯雷"号采用了柴柴电联合动力（CODLAD）装置，主机为两部德国造的瓦锡兰柴油机，驱动两部可调螺距螺旋桨。柴柴电联合动力装置保证了该舰在较高航速下也有较强的续航力，可达 8000 海里（16 节）。舰上还配有 3 台辅助柴油机，2 部船首侧推器，从而可在没有拖船的协助下，在港口自由地停泊。

其他功能：

由于新西兰有着参与多国联合行动的传统，在设计时新西兰海军便赋予了"坎特伯雷"号一定的指挥舰功能。舰上配备了强大的电子设备，如导航雷达、光电监测系统、通信和雷达探测系统、水下故障排除声纳、自动驾驶仪、全球定位系统，以及先进的电子海图和显示系统，还专门为联合作战配备了联合作战指挥室。由于可能从事灾难救援等行动，舰上还安装了民用和军用通信计算机网络，配备了政府紧急事件处理指挥室。

"坎特伯雷"号还承担了医院船的功能。舰上配备了一个有 2 个床位的医务室、一个紧急手术室、一个有 5 个床位的病房，还有用于身体检查的 X 射线室、一个小型实验室以及一个冷冻室。虽然该舰的医疗设施规模不能与美国的"仁慈"号医院船相比，但其医疗设施配套还是相对完整的。作为主要用于战术运输舰来说，配备医疗设施已经考虑较为周全，可满足在灾难救援时医疗救护的需要。

巡逻舰也是"坎特伯雷"号的功能之一。该舰的设计、建造和舾装也都以满足在新西兰的经济专属区、太平洋和印度洋承担作战任务为出发点。由于主要从事低烈度的军事行动，"坎特伯雷"号并没有配备强大的武器装备，只配备了 1 门 25 毫米"台风"舰炮和 2 挺 12.7 毫米机枪。此外，改建还能够搭载和施放 2 艘长 11 米的特种部队作战艇。

训练舰也是新西兰海军设计建造"坎特伯雷"号多功能舰的初衷。舰上额定工作人员为 53 人，除了可以运载 250 人以外，舰上一般还有 35 名受训练人员以及 10 名机组人员。为了保证这些人员的舒适性，舰上配备有多种娱乐设施以及厨房，特别是舰上采用反渗透和蒸发系统来生产饮用水，每天可制造 100 吨饮用水，极大地提高了舰船自身的自持力。

28.1.3　性能参数

满载排水量：9000 吨

舰长：131 米

舰宽：23.4 米

吃水：5.4 米

航速：19.6 节，16 节（经济）

续航力：8000 海里（16 节）

编制员额：53 名海军，10 名空军，7 名陆军，另外 35 名实习生，4 名政府人员

动力系统：柴柴电联合推进，2 台瓦锡兰发动机，功率 4.5 兆瓦，3 台辅助柴油机，2 具舰首推进器

登陆艇：2 艘中型登陆艇（长 23 米，空载排水量 55 吨，满载排水量 100 吨，3 人操作），2 艘刚性船体充气艇（长 7.4 米，功率 220 千瓦，续航力 130 海里，航速 35 节），2 艘特种部队刚性船体充气艇（11 米）

装载能力：250 名作战人员

电子设备：Vistar 电光火控系统，S 和 X 波段雷达

武器装备：1 座远程控制 25 毫米 M242 舰炮，2 挺 12.7 毫米机枪

直升机：2 架 SH-2G "海怪"直升机，4 架 NH90 直升机

飞行设施：直升机甲板（后部）

28.2 伊朗海军"亨加姆岛"级坦克登陆舰

28.2.1 简介

"亨加姆岛"（Hengam）级坦克登陆舰是伊朗海军最大的一级坦克登陆舰，1972 年 10 月向英国订购了 2 艘，由英国亚罗造船有限公司负责设计和建造，1974 年完工交付伊朗海军开始服役。

该级舰是仿制英国海军"贝迪维尔爵士"（Sir Bedivere）级的"兰斯洛特爵士"（Sir Lancelot）号坦克登陆舰设计、建造的现代化支援舰，尺寸较"兰斯洛特爵士"号小，可投送 227 名登陆队员，9 辆主战坦克。舰上安装有 10 吨起重机，可用于物资的装卸载。

伊朗海军经过使用，认为该舰性能好，用途广泛。因此，1977 年又向英国追加订购了 4 艘，其中先期开工 2 艘。后因伊朗逮捕英国公民，两国关系恶化，已经动工的 2 艘被扣留，尚未开工建造的 2 艘合同被取消。1984 年两国关系逐渐改善，应伊朗政府的要求，被扣留的 2 艘于 1985 年完工交付伊朗海军。

28.2.2 性能参数

满载排水量：2540 吨

舰长：93 米

舰宽：15 米

吃水：2.4 米

航速：14.5 节

续航力：4000 海里（12 节）

编制员额：80 人

动力系统：4 台柴油发动机，功率 4200 千瓦，双轴推进

装载能力：9 辆坦克，227 名作战人员，或 600 吨货物

武器装备：4 座 40 毫米火炮，1 套 BM-21 火箭发射器

雷达：台卡 1229 导航雷达，SSR-1520 敌我识别器

声纳：塔康 URN-25

直升机：1 架直升机

飞行设施：直升机起降平台

28.2.3　同级舰

该级舰计划建造 6 艘，实际建造 4 艘，见表 28.1。

表 28.1　伊朗海军"亨加姆岛"级坦克登陆舰情况

序号	舷号	名称	下水	服役	备注
1	511	亨加姆岛（Hengam）	1973	1974.07	在役
2	512	拉腊克岛（Larak）		1974.07	在役
3	513	通布岛（Tonb）		1985	在役
4	514	拉旺岛（Lavan）		1985	在役

28.3　埃及海军"西北风"级两栖攻击舰

28.3.1　简介

"西北风"（Mistral）级两栖攻击舰是由法国设计并建造的，原计划该型舰的 2 艘是由俄罗斯购买，分别命名为"符拉迪沃斯托克"（Vladivostok）号（下水时间为 2013 年 10 月 15 日）和"塞瓦斯托波尔"（Sevastopol）号（下水时间为 2014 年 11 月 21 日）。由于西方国家对俄罗斯实施制裁令法国无法向俄罗斯交付，只能转售他国，2015 年 8 月，法国和俄罗斯达成协议，废除"西北风"级两栖攻击舰供应合同。经过协商，俄罗斯同意将 2 艘"西北风"级两栖攻击舰转售给埃及，因该舰上的设备多数为俄制设备，埃及还需要向俄罗斯购买相应的技术服务和俄式装

备等。

2 艘"西北风"级两栖攻击舰分别于 2016 年 6 月 2 日和 2016 年 9 月 16 日在埃及海军服役,命名为"加麦尔·阿卜杜勒·纳赛尔"号(舷号 L1010)和"安瓦尔·萨达特"号(舷号 L1020)(图 28.2 和图 28.3)。

该型舰结构特点和性能参数均与法国海军服役的"西北风"级两栖攻击舰相同,在此不再一一赘述。

图 28.2　"安瓦尔·萨达特"号两栖攻击舰

图 28.3　"安瓦尔·萨达特"号两栖攻击舰和"加麦尔·阿卜杜勒·纳赛尔"号两栖攻击舰

28.3.2 同级舰

该级舰共 2 艘,见表 28.2。

表 28.2 埃及海军"西北风"级两栖攻击舰情况

序号	舷号	名称	下水	服役	备注
1	L1010	加麦尔·阿卜杜勒·纳赛尔 (Gamal Abdel Nasser)	2013.10.15	2016.06.02	在役
2	L1020	安瓦尔·萨达特 (Anwar el-Sadat)	2014.11.21	2016.09.16	在役

28.4 秘鲁海军"望加锡"级两栖船坞运输舰

秘鲁海军"望加锡"级两栖船坞运输舰即"皮斯科"(Pisco)号两栖船坞运输舰(舷号 156),是秘鲁海军于 2012 年与印度尼西亚签订协议的。在制造过程中,秘鲁海军选定大宇造船海洋株式会社建造的"望加锡"级,建造 2 艘。第 1 艘于 2017 年 4 月 25 日下水,2018 年 6 月 6 日服役(图 28.4)。第 2 艘还在建造中。

该型舰与印度尼西亚海军服役的"望加锡"级两栖船坞运输舰只有长度不同,其余结构特点和性能参数均相同,在此不再一一赘述。

图 28.4 "皮斯科"号两栖船坞运输舰服役仪式

附录 A 本书常用单位换算

长度

*米	m	
海里	n mile	1852m
英里	mile	1069.344m
英尺	ft	0.3048m
英寸	in	0.0254m

体积

*米^3	m^3	
*升	L	0.001m^3
英尺^3	ft^3	0.0283168m^3
加仑（英）	UKgal	0.0045461m^3
加仑（美）	USgal	0.0037854m^3
桶	bbl	0.159m^3

功率

*千瓦	kW	
马力	ps	735.499W
英马力	hp	745.7W

速度

*千米/小时	km/h	
节	kn	1.852km/h
*米/秒	m/s	0.2778km/h
英里/小时	mile/h	1.6093km/h

重量

*千克（公斤）	kg	
吨	t	1000kg
英吨（长吨）	lt（ton）	1.01605kg
美吨（短吨）	st	0.907185kg
磅	lb	0.45359kg

压力

*兆帕	MPa	
磅/英寸^2	psi	0.006895
标准大气压	atm	0.101325
容积吨		2.83m^3

注：带有"*"号标记的单位为国际标准计量单位。

附录 B 在役两栖舰速查表

序号	国家	船级	船名	舷号	基本参数				备注
					排水量/吨	航速/节	舰长/米	吃水/米	
1	美国	美国	美国	LHA-6	45693	20	257.3	7.9	
2		圣安东尼奥	圣安东尼奥	LPD-17	25000	22	208.5	7	
3			新奥尔良	LPD-18	25000	22	208.5	7	
4			梅萨维德	LPD-19	25000	22	208.5	7	
5			格林湾	LPD-20	25000	22	208.5	7	
6			纽约	LPD-21	25000	22	208.5	7	
7			圣迭戈	LPD-22	25000	22	208.5	7	
8			安格雷奇	LPD-23	25000	22	208.5	7	
9			阿灵顿	LPD-24	25000	22	208.5	7	
10			萨默塞特	LPD-25	25000	22	208.5	7	
11			约翰·P.默撒	LPD-26	25000	22	208.5	7	
12			波特兰	LPD-27	25000	22	208.5	7	
13		黄蜂	黄蜂	LHD-1	41150	24	253.2	8.1	
14			埃塞克斯	LHD-2	41150	24	253.2	8.1	
15			奇尔沙治	LHD-3	41150	24	253.2	8.1	
16			博克瑟	LHD-4	41150	24	253.2	8.1	
17			巴丹	LHD-5	41150	24	253.2	8.1	
18			博诺姆·理查德	LHD-6	41150	24	253.2	8.1	
19			硫磺岛	LHD-7	41150	24	253.2	8.1	
20			马金岛	LHD-8	41150	24	253.2	8.1	
21		哈珀斯·费里	哈珀斯·费里	LSD-49	16708	22	185.6	6.4	
22			卡特霍尔	LSD-50	16708	22	185.6	6.4	
23			奥克希尔	LSD-51	16708	22	185.6	6.4	

（续）

序号	国家	船级	船名	舰号	基本参数				备注
					排水量/吨	航速/节	舰长/米	吃水/米	
24			珍珠港	LSD-52	16708	22	185.6	6.4	
25		惠特贝岛	惠特贝岛	LSD-41	15726	22	185.6	6	
26			日耳曼城	LSD-42	15726	22	185.6	6	
27			麦克亨利堡	LSD-43	15726	22	185.6	6	
28			甘斯通霍尔	LSD-44	15726	22	185.6	6	
29			康斯托克	LSD-45	15726	22	185.6	6	
30			托尔图加	LSD-46	15726	22	185.6	6	
31			拉什莫尔	LSD-47	15726	22	185.6	6	
32			阿什兰	LSD-48	15726	22	185.6	6	
33		蓝岭	蓝岭	LCC-19	19176	23	193.3	8.15	
34			惠特尼山	LCC-20	18646	23	189	8.15	
35		弗兰克·S.贝森	弗兰克·S.贝森	LSV-1	4266	11.5	83.2	3.66	
36			哈罗德·C.柯林奇	LSV-2	4266	11.5	83.2	3.66	
37			布里恩·B.萨默维尔	LSV-3	4266	11.5	83.2	3.66	
38			威廉·B.邦克	LSV-4	4266	11.5	83.2	3.66	
39			查尔斯·P.格罗斯	LSV-5	4266	11.5	83.2	3.66	
40			詹姆斯·A.洛克斯	LSV-6	4266	11.5	83.2	3.66	
41			罗伯特·T.库洛达	LSV-7	4266	11.5	83.2	3.66	
42			罗伯特·史莫斯	LSV-8	4266	11.5	83.2	3.66	
43		蒙特福特角	蒙特福特角	T-ESD-1	83000	15	233	7.8	
44			约翰·格伦	T-ESD-2	83000	15	233	7.8	
45			刘易斯·B.普勒	T-ESB-3	83000	15	239	7.8	
46			赫谢尔·W.威廉姆斯	T-ESB-4	83000	15	239	7.8	
47			米格尔·吉斯	T-ESB-5	83000	15	239	7.8	
48	阿根廷	科斯塔苏尔	比格尔	B3	10894	16.3	119.9	7.49	
49			圣布拉斯湾	B4	10894	16.3	119.9	7.49	

(续)

序号	国家	船级	船名	舷号	基本参数				备注
					排水量/吨	航速/节	舰长/米	吃水/米	
50			奥尔诺斯	B5	10894	16.3	119.9	7.49	
51	巴西	托马斯顿	塞阿拉	G30	11710	21	160	5.8	
52		圆桌骑士	萨皮亚海军上将	G25	8861	18	140.47	4.57	
53			加西亚德阿维拉	G29	8861	18	140.47	4.57	
54		新港	马索托马亚	G28	8757	20	195.11	5.49	原美国LST-1186
55		闪电	巴伊亚	G40	12000	21	168	5.2	原法国L9012
56		海洋	大西洋	A140	21500	18	203.4	6.5	原英国L12
57	智利	闪电	萨亨托·阿尔德亚	LSDH-91	12000	21	168	5.2	原法国L9011
58		巴特拉尔	兰卡瓜	LST-92	1409	16	79.4	2.5	
59			查可布考	LST-95	1409	16	79.4	2.5	
60		新港	瓦尔迪维亚	LST-93	8775	20.5	174	6.1	原美国LST-1189
61	墨西哥	新港	帕帕洛阿潘河	A411	8933	20	159.1	5.8	原美国LST-1179
62			乌苏马辛塔河	A412	8933	20	159.1	5.8	原美国LST-1184
63	英国	海神之子	海神之子	L14	19560	18	176	7.1	
64			堡垒	L15	19560	18	176	7.1	
65		湾	莱姆湾	L3007	16160	18	176.6	5.8	
66			芒特湾	L3008	16160	18	176.6	5.8	
67			卡迪根湾	L3009	16160	18	176.6	5.8	
68	法国	西北风	西北风	L9013	21300	18.8	199	6.3	
69			雷电	L9014	21300	18.8	199	6.3	
70			迪克斯莫德	L9015	21300	18.8	199	6.3	
71		巴特拉尔	迪蒙·迪尔维尔	L9032	1330	16	80	3	
72			香格里拉	L9034	1330	16	80	3	
73	意大利	圣·乔治奥	圣·乔治奥	L9892	7650	21	133	5.3	
74			圣·马可	L9893	7650	21	133	5.3	
75			圣·古斯托	L9894	7980	21	133	5.3	
76	荷兰	鹿特丹	鹿特丹	L800	12750	19	166	5.8	
77			约翰·德维特	L801	16800	19	176.35	5.8	
78	西班牙	加利西亚	加利西亚	L51	13815	20	166.2	5.8	

(续)

序号	国家	船级	船名	舷号	基本参数				备注
					排水量/吨	航速/节	舰长/米	吃水/米	
79			卡斯蒂利亚	L52	13815	20	166.2	5.8	
80			胡安·卡洛斯一世	L61	27709	21	230.82	6.9	
81	希腊	杰森	希俄斯	L173	4470	16	116	3.4	
82			萨摩斯	L174	4470	16	116	3.4	
83			伊卡里亚	L175	4470	16	116	3.4	
84			莱斯沃斯	L176	4470	16	116	3.4	
85			罗得斯	L177	4470	16	116	3.4	
86	俄罗斯	伊万·格伦	伊万·格伦	135	5080	18	120	3.6	
87		蟾蜍	戈尔尼亚克	12	4080	18	112.5	3.7	
88			孔达波哥	27	4080	18	112.5	3.7	
89			亚历山大·奥特拉科夫斯基	31	4080	18	112.5	3.7	
90			奥斯拉巴	66	4080	18	112.5	3.7	
91			海军上将	55	4080	18	112.5	3.7	
92			明斯克	127	4080	18	112.5	3.7	
93			加里宁格勒	102	4080	18	112.5	3.7	
94			圣乔治	16	4080	18	112.5	3.7	
95			亚历山大·沙巴林	110	4080	18	112.5	3.7	
96			塞萨·库尼科	158	4080	18	112.5	3.7	
97			新切尔卡斯克	142	4080	18	112.5	3.7	
98			亚马尔	156	4080	18	112.5	3.7	
99			亚速	151	4080	18	112.5	3.7	
100			佩列斯韦特	77	4080	18	112.5	3.7	
101			科罗廖夫	130	4080	18	112.5	3.7	
102		鳄鱼	萨拉托夫	150	4700	18	113	4.5	
103			尼古拉·维尔科夫	81	4700	18	113	4.5	
104			尼古拉·菲钦托	152	4700	18	113	4.5	
105	日本	大隅	大隅	4001	14000	22	178	6	
106			下北	4002	14000	22	178	6	
107			国东	4003	14000	22	178	6	
108		日向	日向	181	19000	30	197	7	
109			伊势	182	19000	30	197	7	

(续)

序号	国家	船级	船名	舷号	基本参数				备注
					排水量/吨	航速/节	舰长/米	吃水/米	
110		出云	出云	183	27000	30	248	7.5	
111			加贺	184	27000	30	248	7.5	
112	韩国	短吻鳄	高峻峰	SLT-681	4300	16	112.7	3.1	
113			昆庐峰	SLT-682	4300	16	112.7	3.1	
114			香炉峰	SLT-683	4300	16	112.7	3.1	
115			圣人峰	SLT-684	4300	16	112.7	3.1	
116		独岛	独岛	6111	18800	23	199	7	
117		天王峰	天王峰	686	7140	23	126.9	5.4	
118			天子峰	687	7140	23	126.9	5.4	
119			日出峰	688	7140	23	126.9	5.4	
120			露积峰	689	7140	23	126.9	5.4	
121	印度	奥斯汀	加拉希瓦	L41	16600	20	173.7	7	原美国 LPD-14
122		沙杜尔	沙杜尔	L16	5650	16	125	4	
123			凯萨里	L15	5650	16	125	4	
124			埃拉瓦特	L24	5650	16	125	4	
125		玛加尔	玛加尔	L20	5665	15	120	4	
126			加里阿尔	L23	5665	15	120	4	
127		库姆布希尔	印度豹	L18	1233	18	83.9	2.58	
128			古尔达	L21	1233	18	83.9	2.58	
129			库姆布希尔	L22	1233	18	83.9	2.58	
130	澳大利亚	湾	乔勒斯	L100	16190	18	176.6	5.8	原英国 L3006
131		托布鲁克	托布鲁克	L50	5800	18	126	4.9	
132		堪培拉	堪培拉	L02	27500	20	230.82	7.08	
133			阿德莱德	L01	27500	20	230.82	7.08	
134	新加坡	坚韧	坚韧	207	8500	15	141	5	
135			坚决	208	8500	15	141	5	
136			坚持	209	8500	15	141	5	
137			努力	210	8500	15	141	5	
138		圆桌骑士	坚定	206	5550	17	126	4	原英国 L3029
139	马来西亚	因德拉·萨克蒂	因德拉·萨克蒂	1503	4369	16.8	100	4.75	

(续)

序号	国家	船级	船名	舷号	基本参数				备注
					排水量/吨	航速/节	舰长/米	吃水/米	
140			马哈旺沙	1504	4369	16.8	100	4.75	
141		新港	因德拉普拉	1505	8833	20	195.11	5.79	原美国 LST-1192
142	印度尼西亚	望加锡	望加锡	590	11394	16	122	4.9	
143			泗水	591	11394	16	122	4.9	
144			班达亚齐	592	11394	16	122	4.9	
145			班加马辛	593	11394	16	122	4.9	
146		苏哈托博士	苏哈托博士	972	16000	15	122	6.7	
147		塔科马	彭尤湾	513	3770	15	100	4.2	
148			曼达尔湾	514	3770	15	100	4.2	
149			桑波特湾	515	3770	15	100	4.2	
150			班登湾	516	3770	15	100	4.2	
151			恩德湾	517	3770	15	100	4.2	
152	泰国	西昌	西昌	721	3540	16	103	3.5	
153			素林	722	4520	16	103	3.5	
154		坚韧	红统府	791	8500	18	141	5	
155	土耳其	奥斯曼·加齐	奥斯曼·加齐	125	3773	17	104.98	4.75	
156		萨鲁查贝伊	萨鲁查贝伊	123	2600	14	92	2.3	
157			卡拉米赛尔贝	124	2600	14	92	2.3	
158		拜拉克塔尔	拜拉克塔尔	402	7125	18	138.7	3	
159			桑卡特塔尔	403	7125	18	138.7	3	
160	菲律宾	LST-1	拉古纳	501	3942	12	100	4.29	原美国 LST-230
161			本格特	507	3942	12	100	4.29	原美国 LST-692
162			马德雷山		4145	12	100	4.29	原美国 LST-821
163		巴克洛德城	巴克洛德城	550	4265	12	83	3.7	
164			达古潘城	551	4265	12	83	3.7	
165		望加锡	丹辘	601	11394	16	122	4.9	
166			南达沃	602	11394	16	122	4.9	
167	越南	LST-1/542	岘港	501	3698	12	100	4.37	原美国 LST-938
168		北方		511	857	18.4	75.15	2.07	原苏联 771A/28

(续)

序号	国家	船级	船名	舷号	基本参数				备注
					排水量/吨	航速/节	舰长/米	吃水/米	
169				512	857	18.4	75.15	2.07	原苏联 771A/25
170				513	857	18.4	75.15	2.07	原苏联 771A/30
171	摩洛哥	新港	西迪·穆罕默德·本·阿卜杜拉	407	8833	20	195.11	5.79	原美国 LST-1198
172		巴特拉尔	达乌德·本·艾莎	402	1409	16	80	2.4	
173			艾哈迈德·艾·沙卡利	403	1409	16	80	2.4	
174			阿布·阿卜杜拉·埃尔·阿亚齐	404	1409	16	80	2.4	
175	阿曼	富尔克·萨拉马	富尔克·萨拉马	L3	10864	19.5	125	5.8	
176		奈斯尔·巴赫尔	奈斯尔·巴赫尔	L2	2500	15.5	93	2.5	
177	阿尔及利亚	圣乔治	卡拉特·贝尼·阿贝斯	474	9000	20	143		
178		卡拉特·贝尼·哈马德	卡拉特·贝尼·哈马德	472	2450	15	93	2.5	
179			卡拉特·贝尼·拉希德	473	2450	15	93	2.5	
180	新西兰	坎特伯雷	坎特伯雷	L421	9000	19.6	131	5.4	
181	伊朗	亨加姆岛	亨加姆岛	511	2540	14.5	93	2.4	
182			拉腊克岛	512	2540	14.5	93	2.4	
183			通布岛	513	2540	14.5	93	2.4	
184			拉旺岛	514	2540	14.5	93	2.4	
185	埃及	西北风	加麦尔·阿卜杜勒·纳赛尔	L1010	21300	18.8	199	6.3	
186			安瓦尔·萨达特	L1020	21300	18.8	199	6.3	
187	秘鲁	望加锡	皮斯科	156	11394	16	135	4.9	